Mathematik im Fokus

Kristina Reiss
TU München, School of Education, München, Germany

Ralf Korn
TU Kaiserslautern, Fachbereich Mathematik, Kaiserslautern, Germany

Weitere Bände in dieser Reihe:
http://www.springer.com/series/11578

Die Buchreihe Mathematik im Fokus veröffentlicht zu aktuellen mathematikorientierten Themen gut verständliche Einführungen und prägnante Zusammenfassungen. Das inhaltliche Spektrum umfasst dabei Themen aus Lehre, Forschung, Berufs- und Unterrichtspraxis. Der Umfang eines Buches beträgt in der Regel 80 bis 120 Seiten. Kurzdarstellungen der folgenden Art sind möglich:

- State-of-the-Art Berichte aus aktuellen Teilgebieten der theoretischen und angewandten Mathematik
- Fallstudien oder exemplarische Darstellungen eines Themas
- Mathematische Verfahren mit Anwendung in Natur- , Ingenieur- oder Wirtschaftswissenschaften
- Darstellung der grundlegenden Konzepte oder Kompetenzen in einem Gebiet

Mathematik im Fokus ist ein zeitnahes Spiegelbild aktueller Themen, die aus der Sicht der Mathematik kompakt dargestellt und kommentiert werden.

Christine Sälzer

Studienbuch Schulleistungsstudien

Das Rasch-Modell in der Praxis

Christine Sälzer
TUM School of Education
ZIB - Zentrum für Internationale Bildungsvergleichsstudien
München, Deutschland

Mathematik im Fokus
ISBN 978-3-662-45764-1   ISBN 978-3-662-45765-8 (eBook)
DOI 10.1007/978-3-662-45765-8

Die Deutsche Nationalbibliothek verzeichnet diese Publikation in der Deutschen Nationalbibliografie; detaillierte bibliografische Daten sind im Internet über http://dnb.d-nb.de abrufbar.

Springer Spektrum
© Springer-Verlag Berlin Heidelberg 2016
Das Werk einschließlich aller seiner Teile ist urheberrechtlich geschützt. Jede Verwertung, die nicht ausdrücklich vom Urheberrechtsgesetz zugelassen ist, bedarf der vorherigen Zustimmung des Verlags. Das gilt insbesondere für Vervielfältigungen, Bearbeitungen, Übersetzungen, Mikroverfilmungen und die Einspeicherung und Verarbeitung in elektronischen Systemen.
Die Wiedergabe von Gebrauchsnamen, Handelsnamen, Warenbezeichnungen usw. in diesem Werk berechtigt auch ohne besondere Kennzeichnung nicht zu der Annahme, dass solche Namen im Sinne der Warenzeichen- und Markenschutz-Gesetzgebung als frei zu betrachten wären und daher von jedermann benutzt werden dürften.
Der Verlag, die Autoren und die Herausgeber gehen davon aus, dass die Angaben und Informationen in diesem Werk zum Zeitpunkt der Veröffentlichung vollständig und korrekt sind. Weder der Verlag noch die Autoren oder die Herausgeber übernehmen, ausdrücklich oder implizit, Gewähr für den Inhalt des Werkes, etwaige Fehler oder Äußerungen.

Gedruckt auf säurefreiem und chlorfrei gebleichtem Papier.

Springer Spektrum ist eine Marke von Springer DE.
Springer DE ist Teil der Fachverlagsgruppe Springer Science+Business Media
www.springer-spektrum.de

Inhaltsverzeichnis

1	**Einleitung**	1
2	**Die großen Schulleistungsstudien in Deutschland**	5
	2.1 PISA: Das *Programme for International Student Assessment*	7
	2.1.1 Kompetenzbegriff in PISA: Literacy	9
	2.1.2 Design und Testkonzeption von PISA	12
	2.2 TIMSS: Die Trends in International Mathematics and Science Study	15
	2.2.1 Kompetenzbegriff in TIMSS	17
	2.3 IGLU: *Internationale Grundschul-Lese-Untersuchung* (engl. PIRLS)	20
	2.3.1 Kompetenzbegriff in IGLU	22
	2.3.2 Design und Testkonzeption von TIMSS und IGLU	23
	2.4 IQB-Ländervergleich zur Überprüfung der Bildungsstandards	26
	2.4.1 Kompetenzbegriff im IQB-Ländervergleich	28
	2.4.2 Design und Testkonzeption des IQB-Ländervergleichs	30
	2.5 VERA: Vergleichsarbeiten in der Schule	33
	2.6 NEPS: Das Nationale Bildungspanel – *National Educational Panel Study*	35
	2.6.1 Kompetenzbegriff in NEPS	36
	2.6.2 Design und Testkonzeption von NEPS	37
	2.7 Zusammenfassender Überblick: Schulleistungsstudien in Deutschland	39
3	**Grundzüge des Rasch-Modells**	43
	3.1 Erfassung von nicht beobachtbaren Eigenschaften	44
	3.2 Datenmatrix: Antworten auf Testaufgaben	45
	3.3 Modellgleichung	47
	3.4 Personen- und itemcharakteristische Kurven	48

4 Schätzung von Kompetenzen in Studien wie PISA 53
    4.1 Vergleichbarkeit von Schülerleistungen 54
    4.2 Skalierung der Daten 55
    4.3 Schätzung von Parametern im Rasch-Modell 57
    4.4 Mehrdimensionale Erweiterungen des Rasch-Modells 60

5 Schulleistungsstudien lesen und verstehen 63
    5.1 Schätzung von Kompetenzen mit einer Auswahl von Aufgaben 64
    5.2 Individuelle Rückmeldung an Schulen und Schüler 65
    5.3 Ergebnisse in Abhängigkeit der gezogenen Schüler 65
    5.4 Vergleichbarkeit der Kompetenzen über Staaten und Bildungssysteme hinweg 67
    5.5 *Teaching to the Test*: Vorteile durch gezieltes Üben? 71
    5.6 Richtige, teilweise richtige und falsche Antworten auf Testfragen .. 73
    5.7 Schüler als nachwachsender Rohstoff: Ist PISA eine Studie für die Wirtschaft? 74

6 Bilanz: Schulleistungsstudien und Kompetenzmessung 77
    6.1 Mehrere Schulleistungsstudien in Deutschland 77
    6.2 Kompetenzmessung durch Tests und Schätzverfahren 78
    6.3 Weiterführende Fragen 79

Literaturverzeichnis 81

Kapitel 1
Einleitung

Die PISA-Studie (*Programme for International Student Assessment*) steht in Deutschland mittlerweile stellvertretend für eine ganze Reihe von Schulleistungsstudien. Seit dem Jahr 2000 wird PISA alle drei Jahre in den OECD-Staaten und einer wachsenden Zahl von Partnerstaaten durchgeführt und bringt als Ergebnisse eine Sammlung von Indikatoren hervor, anhand derer sich relative Stärken und Schwächen der beteiligten Bildungssysteme ableiten lassen. PISA 2000 war nicht die erste international vergleichende Schulleistungsstudie, an der Deutschland teilnahm, aber nach längerer Zeit eine der ersten relativ umfassenden Untersuchungen, die im Dezember 2001 unerwartet schwache Ergebnisse hervorbrachte (Baumert et al. 2001). In allen drei untersuchten Kompetenzdomänen, Lesen, Mathematik und Naturwissenschaften, lagen die Leistungen der Schülerinnen und Schüler in Deutschland unterhalb des OECD-Durchschnitts – damals der Auslöser des sogenannten PISA-Schocks. Dass heute nach wie vor vom PISA-Schock gesprochen wird, ist bemerkenswert, denn bereits einige Jahre vor der Veröffentlichung der ersten PISA-Runde hatten die Ergebnisse der ersten TIMSS-Studie (*Trends in International Mathematics and Science Study*) Schülerinnen und Schülern in Deutschland vergleichsweise schwache Leistungen in Mathematik und den Naturwissenschaften bescheinigt (Baumert et al. 1997; Beaton et al. 1996).

Im Zusammenhang mit PISA und dem PISA-Schock wird noch immer Bezug auf die anfangs überraschend mittelmäßigen Ergebnisse genommen. Allerdings hat sich seither manches verändert, wenn man die Ergebnisse weiterer PISA-Erhebungsrunden oder auch anderer Schulleistungsvergleiche betrachtet. Zum einen erzielen die Schülerinnen und Schüler in Deutschland nach mittlerweile fünf abgeschlossenen Erhebungsrunden Leistungen, die deutlich über dem Durchschnitt der OECD-Staaten liegen (vgl. etwa Hohn et al. 2013; Sälzer, Reiss et al. 2013; Schiepe-Tiska et al. 2013). Aufgeholt haben insbesondere Jugendliche an nicht gymnasialen Schulformen, Jugendliche mit Zuwanderungshintergrund sowie eher leistungsschwache Schülerinnen und Schüler. Zum anderen widmet sich PISA inzwischen ausschließlich dem internationalen Vergleich der Schülerkompetenzen, nachdem die Studie ursprünglich in Deutschland in zwei Teilstudien aufgegliedert war. Neben dem internationalen Vergleich (PISA-I für *PISA-International*) unternahm PISA in den ersten Jahren auch einen Vergleich der 16 deutschen Bundesländer (PISA-E für *PISA-Erweiterung*). Seit 2009[1] sind beide Studien aufgrund ihres großen Umfangs institutionell getrennt und werden separat durchgeführt.

Dieses Buch ist aus der Koordination der PISA-Studie in Deutschland heraus entstanden, die seit 2010 am Zentrum für internationale Bildungsvergleichsstudien (ZIB e. V.) an der TU München ihren Sitz hat. Im Laufe der Arbeit an und mit PISA tauchten in Gesprächen mit Studierenden, Lehrkräften, Schulleitungen oder weiteren Interessierten immer wieder Fragen zu PISA selbst auf, aber auch zur Mess- und Vergleichbarkeit von Kompetenzen und Leistungen. Die wohl kniffligste unter diesen Fragen ist diejenige, wie und warum Schülerkompetenzen durch eine begrenzte Anzahl von Aufgaben pro Schüler gemessen werden können, die sich noch nicht einmal auf den jeweiligen Lehrplan dieser Schülerinnen und Schüler beziehen. Wenn sogar innerhalb Deutschlands unterschiedliche Lehrpläne vorliegen, wie soll dann ein internationaler Vergleich möglich und sinnvoll sein? Diese Frage verknüpft zwei Aspekte: Einerseits die Messung von Kompetenzen und andererseits die sogenannte curriculare Validität, also den Lehrplanbezug der Testaufgaben, anhand derer die Messung erfolgt. Um zu verstehen, wie die Messung von Kompetenzen in zahlreichen Schulleistungsstudien funktioniert, sollte man beide Aspekte nachvollziehen. Was bedeutet eigentlich „Messen" im Zusammenhang mit nicht beobachtbaren Eigenschaften wie Kompetenzen? Welche Annahmen stehen dahinter? Und kann man sich nicht auch sehr täuschen, wenn man aus den Antworten von Schülerinnen und Schülern auf einige Testfragen auf deren Kompetenz schließt? Noch dazu, wenn die Jugendlichen die Themen der Aufgaben teilweise noch gar nicht im Unterricht hatten? Und sind angesichts der unterschiedlichen Bildungssysteme und Voraussetzungen der Schülerinnen und Schüler deren Leistungen überhaupt international miteinander vergleichbar? Fragen wie diese leiteten die Arbeit am vorliegenden Buch. Es richtet sich vorwiegend an Studierende in den Bereichen Lehramt oder Bildungswissenschaften. Die einzelnen Kapitel sind so geschrieben, dass sie auch jedes für sich gelesen und verstanden werden können. Es ist als einführendes Studienbuch zur Auseinandersetzung mit den Ergebnissen aus Untersuchungen wie PISA gedacht.

Das Buch gibt zunächst einen Überblick über die großen Studien, an denen Deutschland derzeit teilnimmt (Kapitel 2). All diese Studien haben gemeinsam, dass sie bestimmte Kompetenzen messen. Sie unterscheiden sich jedoch darin, was unter Kompetenz im Detail verstanden wird, sowie bezüglich ihrer Zielgruppen und Schwerpunkte. Das Design einer Schulleistungsstudie sowie die zu Grunde gelegte Testkonzeption sind zwei wesentliche Elemente, welche die Ergebnisse der Studie sowie deren Interpretation bestimmen. Unter dem Design einer Studie versteht man deren Anlage, Aufbau und letztlich das planvolle Vorgehen bei der Datenerhebung und -auswertung. Mit der Testkonzeption einer Schulleistungsstudie ist die theoretische Grundlage für die Aufgabenentwicklung sowie für die Organisation des gemessenen Konstrukts gemeint (im Kontext von Schulleistungsstudien sind dies Kompetenzen bei Schülerinnen und Schülern). Daher werden in Kapitel 2 für jede der dort aufgeführten Studien sowohl der Kompetenzbegriff als auch das Design

---

[1] Bereits 2008 erfolgte die Erhebung für den Ländervergleich der Bildungsstandards für das Fach Französisch als erste Fremdsprache in Ankopplung an die entsprechende Normierungsstudie.

1 Einleitung

und die Testkonzeption in aller Kürze beschrieben. Diese sehr verdichtete Darstellung soll einen Einstieg und Überblick über die Studienlandschaft in Deutschland geben. Detaillierte Beschreibungen der genannten Studien sind in der jeweils zitierten Literatur zu finden, die größtenteils online verfügbar und kostenlos zugänglich ist.

Um Kompetenzen von Schülerinnen und Schülern messen, abbilden und miteinander vergleichen zu können, werden häufig Modelle verwendet, die bestimmte Annahmen zu Grunde legen. In Studien wie PISA wird dazu häufig das nach seinem Erfinder Georg Rasch benannte „Rasch-Modell" eingesetzt. In Kapitel 3 wird das Rasch-Modell in Grundzügen vorgestellt und anschließend seine Bedeutung für Schulleistungsstudien beschrieben und diskutiert. Kapitel 4 verknüpft die Themen der beiden vorangehenden Kapitel und geht auf die konkrete Anwendung des Rasch-Modells und seiner Annahmen in Schulleistungsstudien ein. Den Abschluss bilden Kapitel 5 und 6 mit einer zusammenfassenden Verdichtung von Lesehilfen für die beschriebenen Schulleistungsstudien, in der die zentralen Aspekte der Messung von Schülerkompetenzen anhand einer Auswahl von Testaufgaben nochmals aufgegriffen und durch Literaturempfehlungen ergänzt werden.

Kapitel 2
Die großen Schulleistungsstudien in Deutschland

Zusammenfassung Deutschland beteiligt sich seit Mitte der 1990er Jahre an mehreren Schulleistungsstudien, die teils auf nationaler und teils auf internationaler Ebene die Leistungen von Schülerinnen und Schülern miteinander vergleichen. In diesem Kapitel werden sechs derzeit bundesweit durchgeführte Studien vorgestellt: drei internationale (PISA, TIMSS, IGLU) sowie drei nationale (IQB-Ländervergleich, VERA, NEPS). Herausgearbeitet werden insbesondere der jeweils zu Grunde gelegte Kompetenzbegriff sowie Design und Testkonzeption der Studien. Abschließend fasst eine tabellarische Übersicht die aktuell in Deutschland durchgeführten Schulleistungsstudien zusammen.

Im Zusammenhang mit den Ergebnissen zahlreicher Schulleistungsstudien, die mittlerweile fast jährlich auch in Deutschland veröffentlicht werden, fallen meist auch die Namen zweier Organisationen: die OECD sowie die IEA. Beide treten als Auftraggeber mehrerer internationaler Bildungsvergleichsstudien auf. So hat die *Organisation for Economic Co-operation and Development* (OECD) mit Hauptsitz in Paris unter anderem die PISA-Studie initiiert, aber auch internationale Untersuchungen mit der Zielgruppe Erwachsener, etwa TALIS (*Teaching and Learning International Survey*) zu den Bedingungen des Lehrens und Lernens in Schulen oder PIAAC (*Programme for the International Assessment of Adult Competencies*) zu grundlegenden Fähigkeiten und Fertigkeiten Erwachsener. Die *International Association for the Evaluation of Educational Achievement* (IEA) zeichnet beispielsweise für die *Trends in Mathematics and Science Study* (TIMSS) verantwortlich, in welcher Schülerleistungen in den Fächern Mathematik und Naturwissenschaften gegen Ende der Jahrgangsstufen vier und acht sowie am Ende der Sekundarstufe II (*TIMSS Advanced*) erfasst werden. Auch PIRLS (*Progress in International Reading Literacy Study*), in Deutschland *Internationale Grundschul-Lese-Untersuchung* (IGLU) genannt, wird von der IEA aufgelegt. PIRLS bzw. IGLU untersucht und vergleicht das Leseverständnis von Schülerinnen und Schülern am Ende der vierten Jahrgangsstufe.

Vor der Teilnahme Deutschlands an TIMSS im Jahr 1995 galt jahrzehntelang als unbestritten, dass das deutsche Bildungswesen erfolgreich und qualitativ hochwertig ist (Baumert et al. 1997). Abgesehen von der Beteiligung Deutschlands an Vorgängerstudien von TIMSS in den 1960er bzw. 1980er Jahren (vgl. Wendt, Tarelli et al. 2012) war diese Annahme nicht oder nicht deutschlandweit empirisch überprüft worden. Als Folge der enttäuschend durchschnittlichen Ergebnisse der Schülerinnen und Schüler in Deutschland bei TIMSS (Baumert et al. 2000) verabschiedete die KMK (Ständige Konferenz der Kultusminister der Länder der Bundesrepublik Deutschland) am 24. Oktober 1997 den sogenannten Konstanzer Beschluss (KMK 1997). Dort wurde unter anderem vereinbart, dass Deutschland künftig durch die Teilnahme an international vergleichenden Schulleistungsstudien regelmäßig vertiefende Befunde zu Kompetenzen von Schülerinnen und Schülern erhalten solle. Seither beteiligt sich Deutschland an mehreren regelmäßig stattfindenden national und international vergleichenden Studien, die in diesem Kapitel vorgestellt werden.

Die Teilnahme Deutschlands an nationalen wie internationalen Bildungsvergleichsstudien ist laut Beschluss der Kultusministerkonferenz von 2006 (KMK 2006) zentraler Bestandteil der Gesamtstrategie zum Monitoring des deutschen Bildungssystems und wurde seither mehrfach bekräftigt (vgl. etwa KMK 2015). Monitoring bedeutet dabei das regelmäßige Überprüfen und Bewerten bestimmter Indikatoren für Stärken und Schwächen im Bildungssystem, wozu unter anderem die Leistungsfähigkeit der Schülerinnen und Schüler an Schulen in Deutschland gehört. Die Gesamtstrategie der KMK zum Bildungsmonitoring beruht auf vier Säulen:

Säule 1: Deutschland beteiligt sich an international vergleichenden Schulleistungsuntersuchungen, insbesondere PISA für die Sekundarstufe I sowie IGLU und TIMSS für die Primarstufe.

Säule 2: Es werden bundesländübergreifende, deutschlandweit verbindliche Bildungsstandards in Kernfächern für mehrere Schulabschlüsse definiert. Diese werden regelmäßig im Rahmen von Ländervergleichsstudien überprüft, die nach Möglichkeit an internationale Schulleistungsstudien angekoppelt sind.

Säule 3: Flächendeckend werden Vergleichsarbeiten (VERA) in den Klassenstufen 3 und 8 durchgeführt, die ebenfalls einen klaren Bezug zu den länderübergreifenden Bildungsstandards haben und insbesondere Anregungen für kompetenzorientierte Unterrichtsentwicklung sowie die diagnostische Kompetenz von Lehrkräften liefern sollen.

Säule 4: Es gibt eine gemeinsame Bildungsberichterstattung von Bund und Ländern.

Die nachfolgenden Abschnitte greifen die Säulen 1 bis 3 der Gesamtstrategie der KMK zum Bildungsmonitoring in Deutschland auf und stellen die aktuell durchgeführten Bildungsvergleichsstudien vor.

Deutschland beteiligt sich derzeit an mehreren national sowie international vergleichenden Schulleistungsstudien. In diesem Buch werden diejenigen beschrieben, die deutschlandweit durchgeführt werden, d. h. unter Beteiligung aller Bundesländer entweder zum innerdeutschen oder zum internationalen Vergleich. Daneben existiert eine Vielzahl weiterer Schulleistungsuntersuchungen, die jedoch regional begrenzt bzw. auf einen Teil der Bundesländer beschränkt bleiben; diese sind nicht Gegenstand dieses Buches. Zunächst werden im Folgenden die international vergleichenden Studien beschrieben, dann die nationalen. Auf internationaler Ebene beteiligt sich Deutschland an PISA, TIMSS und IGLU, während auf nationaler Ebene der IQB-Ländervergleich, VERA sowie NEPS deutschlandweit durchgeführt werden.

2.1 PISA: Das *Programme for International Student Assessment*

Mit PISA 2012 hat das *Programme for International Student Assessment* bereits die fünfte Erhebungsrunde abgeschlossen (Sälzer und Prenzel 2013). Nach dem Bekanntwerden der Ergebnisse der ersten PISA-Studie, die im Dezember 2001 der Öffentlichkeit vorgestellt wurden (Baumert et al. 2001), wurde mit dem sogenannten PISA-Schock ein Begriff geprägt, der noch immer sehr präsent ist und in bildungsbezogenen Debatten auch international mit dem unerwartet mittelmäßigen Abschneiden der Schülerinnen und Schüler in Deutschland verbunden wird. Neben den überraschend durchschnittlichen Ergebnissen im internationalen Vergleich trug auch die enorme Diskrepanz der Leistungsfähigkeit innerhalb Deutschlands zum PISA-Schock bei; markante Leistungsunterschiede zwischen Bundesländern, aber auch zwischen Jugendlichen mit und ohne Zuwanderungshintergrund oder aus unterschiedlich wohlhabenden Elternhäusern waren erstaunlich negative Befunde (Baumert et al. 2002; Baumert et al. 2001).

PISA ist international als zyklische Querschnittstudie angelegt, so dass in regelmäßigen Abständen Daten einer bestimmten Teilnehmergruppe erhoben und ausgewertet werden. An PISA sind jeweils alle aktuellen OECD-Staaten beteiligt sowie sogenannte OECD-Partnerstaaten. In PISA 2012 waren dies 34 OECD-Staaten sowie 31 Partnerstaaten (OECD 2014). Die Zielgruppe der PISA-Studie sind Jugendliche, die in ihrem jeweiligen Staat schon möglichst lange zur Schule gehen, diese jedoch noch nicht abgeschlossen haben. Da in den zuletzt mehr als 60 Teilnehmerstaaten (Sälzer und Prenzel 2013) die Festlegung der Schulpflicht bezüglich des Alters der Jugendlichen stark variiert, wurde das Alter der untersuchten Zielgruppe so gewählt, dass sich die Schülerinnen und Schüler möglichst am Ende ihrer Pflichtschulzeit befinden (Heine et al. 2013). Damit wurde staatenübergreifend festgelegt, dass an PISA Schülerinnen und Schüler im Alter von 15 Jahren teilnehmen sollen, die in ihrem jeweiligen Staat eine Schule besuchen. Fünfzehnjährige, die keine Schule besuchen, sind damit nicht Teil der in PISA fokussierten Untersuchungsgruppe.

Die Beteiligung Deutschlands an internationalen Bildungsvergleichsstudien wie PISA dient insbesondere dazu, die Leistungsfähigkeit der Schülerinnen und Schüler am Ende der Sekundarstufe I international zu verankern. Seitens der KMK steht dabei besonders die Vergleichsperspektive im Mittelpunkt, die klar interpretierbare Trendinformationen über das deutsche Bildungssystem im internationalen Vergleich liefert. Auf dieser Grundlage kann über mehrere PISA-Runden abgeschätzt werden, inwieweit bildungspolitische Maßnahmen wirksam geworden sind und wo sich möglicherweise problematische Entwicklungen abzeichnen. PISA liefert ein ganzes Sortiment an Indikatoren für Bildungsergebnisse, die sich im internationalen Vergleich abbilden und einordnen lassen. Als umfangreiche Schulleistungsstudie stellt PISA die Frage, inwieweit es Staaten gelingt, junge Menschen in Schulen auf die Anforderungen des Erwachsenenlebens, das weitere Lernen über die gesamte Lebensspanne sowie Aspekte der gesellschaftlichen Teilhabe vorzubereiten (Sälzer und Prenzel 2013). Die Indikatoren, die aus PISA hervorgehen, müssen also entsprechende Informationen darüber bereitstellen, wie das Wissen und Können der getesteten Jugendlichen durchschnittlich ausgeprägt ist, aber auch, wie sich die Fähigkeiten und Fertigkeiten innerhalb von Staaten verteilen. Das bedeutet allerdings nicht, dass die in PISA gemessenen Kompetenzen zwingend in der Schule erworben worden sind, denn das geht aus den Befunden nicht hervor. PISA erfasst den Ist-Stand der durchschnittlichen Kompetenzen Jugendlicher und kann nicht differenzieren, wo diese erworben wurden. Um jedoch fundiert abschätzen zu können, unter welchen Bedingungen diese Kompetenzen erworben wurden, sind neben dem Kompetenzniveau an sich auch Merkmale der Schülerinnen und Schüler sowie ihres Lebens- und Lernumfelds bedeutsam. Mit ihrer Hilfe können beispielsweise systematische Zusammenhänge zwischen dem Kompetenzniveau und Merkmalen wie dem Geschlecht, der Schulbiographie, der sozialen Herkunft oder bestimmten Einstellungen entdeckt werden.

In Deutschland wurde die Teilnahme an PISA von Beginn an dazu genutzt, neben dem internationalen Vergleich auch auf nationaler Ebene vertiefenden Fragestellungen anhand einer Erweiterung der Schülerstichprobe sowie der eingesetzten Test- und Fragebogeninstrumente nachzugehen. Auf diese Weise konnte bereits in der ersten PISA-Erhebungsrunde im Jahr 2000 ein deutschlandweiter Leistungsvergleich zwischen den Bundesländern angestellt werden. Dabei wurde die international vorgegebene Zufallsstichprobe von fünfzehnjährigen Schülerinnen und Schülern erweitert um eine Stichprobe von Neuntklässlern. Da in Deutschland die meisten Schülerinnen und Schüler im Alter von 15 Jahren nach wie vor die Klassenstufe 9 besuchen, fiel die Wahl auf diese Stufe. Diese sogenannte PISA-Erweiterung (kurz: PISA-E) wurde neben der Teilnahme am internationalen PISA-Programm (kurz: PISA-I) von PISA 2000 bis PISA 2006 durchgeführt (Baumert et al. 2002; Prenzel et al. 2005; Prenzel et al. 2008). Für PISA-E und die darauf aufbauenden Vergleiche zwischen den Bundesländern ist eine sehr viel größere Stichprobe erforderlich als für die gesamtdeutsche Stichprobe, die in den internationalen Vergleich eingeht. Dies liegt unter anderem daran, dass die Repräsentativität bezüglich der vorhandenen Sekundarschularten in den verschiedenen Bundesländern eine gewisse Mindestanzahl an Schulen pro Schulform erfordert. Alle Schulen, die an PISA-I teilnahmen, waren auch in der Stichprobe für PISA-E (vgl. etwa Prenzel et al. 2005) und damit eine Teilmenge der Schulen, die am Bundesländervergleich beteiligt waren. Seit PISA 2009 ist PISA-E abgelöst durch den Ländervergleich des Instituts zur Qualitätsentwicklung im Bildungswesen (IQB) in Berlin, das im Auftrag der KMK Bildungsstandards für verschiedene Schulstufen und Fächer entwickelt und diese regelmäßig anhand von umfangreichen, repräsentativen Schülerstichproben in allen Bundesländern überprüft (vgl. Abschnitt 2.4).

Die Testaufgaben, die in PISA zur Erfassung verschiedener Kompetenzen zum Einsatz kommen, durchlaufen einen langen Entwicklungsprozess. Bereits mehrere Jahre vor einer PISA-Testung wird eine theoretische Rahmenkonzeption von internationalen Expertengruppen aufgesetzt, die als inhaltliche und strukturelle Grundlage für die Entwicklung von Testaufgaben dient. Im Gegensatz zu einigen anderen Studien wie etwa TIMSS, folgt PISA einem eigens definierten Kompetenzbegriff und strebt keine curriculare Validität an. Das bedeutet, dass die Aufgaben ohne Berücksichtigung nationaler Lehrpläne (Curricula) und allein unter Bezug auf die theoretische Rahmenkonzeption konstruiert werden. Es ist also durchaus beabsichtigt, dass manche Themen den Schülerinnen und Schülern noch unbekannt sind. Mehrere Entwurfs- und Überprüfungsstadien werden durchlaufen, in denen etwa die Relevanz für alle beteiligten Staaten, aber auch die sprachliche Übertragbarkeit in verschiedene Staaten und Kulturen überprüft wird (Sälzer und Prenzel 2013). Immer ein Jahr vor der anstehenden PISA-Erhebungsrunde erfolgt ein Feldtest, in dessen Rahmen sowohl bestimmte Prozeduren der Stichprobenziehung und der Testdurchführung als auch die psychometrischen Eigenschaften der Testaufgaben erprobt werden. Letztlich werden nur Aufgaben in der PISA-Haupterhebung verwendet, die eine ausreichende internationale Vergleichbarkeit und zufriedenstellende Messeigenschaften aufweisen. In Ergänzung zu diesen Leistungstests werden in PISA zahlreiche Merkmale der teilnehmenden Jugendlichen sowie ihres häuslichen und schulischen Umfeldes erfasst. Neben einem Schul- und Schülerfragebogen besteht auch die Möglichkeit, einen Eltern- sowie einen Lehrerfragebogen einzusetzen, um möglichst viele Erkenntnisse zu den Entstehens- und Entwicklungsbedingungen von Kompetenzen gewinnen zu können (vgl. etwa Schiepe-Tiska und Schmidtner 2013).

2.1.1 Kompetenzbegriff in PISA: Literacy

Die drei in PISA untersuchten Kompetenzbereiche, sogenannte Domänen, sind in jeder Erhebungsrunde Lesen, Mathematik und Naturwissenschaften (vgl. z. B. OECD 1999). Im Wechsel ist dabei jede Domäne einmal in drei Erhebungsrunden die Schwerpunktdomäne, das heißt, etwa die Hälfte der eingesetzten Testaufgaben stammt aus dem Bereich dieser Schwerpunktdomäne. Jeweils ungefähr ein Viertel der Testaufgaben wird den beiden jeweiligen Nebendomänen zugeordnet. Ergänzt werden diese drei Domänen jeweils von einer sogenannten übergreifenden Kompetenz, wie etwa dem selbstregulierten Lernen (Baumert et al. 2001), dem Problemlösen (vgl. etwa Leutner et al. 2004; Leutner et al. 2004) oder der Vertrautheit mit dem Computer. Ein Teil der an PISA teilnehmenden Schülerinnen und Schüler bearbeitet zusätzlich Aufgaben aus dieser fächerübergreifenden Domäne.

Bei der Definition von Kompetenz im Rahmen der PISA-Studie geht die OECD vom sogenannten *Literacy*-Begriff als Konzept einer funktionalen Grundbildung im Sinne einer Allgemeinbildung aus (vgl. etwa OECD 2013a). Bereits seit der ersten Erhebungsrunde im Jahr 2000 wird das *Literacy*-Konzept in der theoretischen Rahmenkonzeption (OECD 1999) definiert als „*knowledge and skills for adult life*" (S. 7) und damit als Wissen und Fertigkeiten, die für das vor den Schülerinnen und Schülern liegende Erwachsenenleben benötigt werden. Dabei ist die Ausprägung der *Literacy*, im Deutschen auch mit Literalität bezeichnet, als ein Kontinuum gedacht. Damit ist gemeint, dass *Literacy* bei verschiedenen Personen in verschiedenem Maße vorhanden ist, wobei es keinen festgelegten Mindestpunkt gibt, der eine Person mit *Literacy* von einer Person ohne trennt. Vielmehr erlaubt das *Literacy*-Kontinuum einen Vergleich der momentan vorhandenen Grundbildung zwischen mehreren Personen – beziehungsweise wie bei PISA, der durchschnittlich vorhandenen *Literacy* von Fünfzehnjährigen in mehreren Staaten.

Die Teilnehmerinnen und Teilnehmer der PISA-Studie haben im Alter von fünfzehn Jahren selbstverständlich noch nicht alles an Wissen und Fertigkeiten erworben, was sie als Erwachsene brauchen werden (OECD 1999). Das *Literacy*-Konzept, wie es in PISA angewendet wird, geht daher von einem Niveau an Grundkompetenzen aus, das eine gute Prognose für künftiges, lebenslanges Lernen zulässt. Insofern ist *Literacy* als Grundbildung in PISA sowohl funktional als auch anschlussfähig. Funktional heißt hier anwendbar in Bezug auf die momentane und zukünftige gesellschaftliche Teilhabe und anschlussfähig ist im Sinne einer vielversprechenden Grundlage für das kontinuierliche Weiterlernen über die gesamte Lebensspanne gemeint (Sälzer und Prenzel 2013). Diese Fokussierung auf die Anwendbarkeit und die Anschlussfähigkeit ist für die Messung von Bildungsergebnissen in einem bestimmten Alter sehr relevant, denn zum einen bedeutet der Erwerb anwendbaren Wissens, dass Jugendliche bis zum PISA-Testtag schulische wie außerschulische Lerngelegenheiten genutzt haben, um teilhabe- und handlungsfähig zu werden (im Englischen: *literate*). Zum anderen ist der Kenntnisstand in den drei untersuchten Domänen der Mittelpunkt des Interesses, da das Wissen und Können in diesen Bereichen so definiert und ausgewählt wurde, dass man bei gutem Abschneiden im PISA-Test eine solide Grundlage dafür hat, sich lernend weiterentwickeln zu können (Sälzer und Prenzel 2013).

PISA stellt explizit keinen Bezug zu nationalen Curricula her, sondern strebt in Form einer theoretischen Rahmenkonzeption einen internationalen Konsens darüber an, welche Domänen Teil der funktionalen Grundbildung sind und wie diese Domänen jeweils inhaltlich strukturiert sein sollen (OECD 2013a). Damit ist dem Anspruch Rechnung getragen, dass sowohl die Lesekompetenz als auch die Mathematik und die Naturwissenschaften als Kompetenzbereich Anwendungsfelder haben, die deutlich über einzelne Schulfächer hinausreichen. Damit kommt der Begriff *Literacy* dem Konzept einer grundlegenden Allgemeinbildung nahe (vgl. Tenorth, 2004; 2005), auch wenn es sich dabei stets nur um einen Ausschnitt aus dem Spektrum allgemeiner Bildung handeln kann (Sälzer und Prenzel 2013). Lesekompetenz,

2.1 PISA: Das *Programme for International Student Assessment*

Mathematik und Naturwissenschaften bilden als die drei Untersuchungsdomänen und PISA gleichsam eine Stichprobe aus den Inhalts- und Kompetenzbereichen, die weltweit in Schulen vermittelt werden und die als relevant für die weitere Bildungsbiographie der Fünfzehnjährigen sowie ihr Berufsleben und ihre Fähigkeit zur Teilhabe an Kultur und Gesellschaft gelten (ebd.).

Kompetenz in den drei untersuchten Domänen ist als hierarchisches Modell gedacht, das in Form von Kompetenzstufen unterteilt werden kann. Diese Kompetenzstufen werden zum einen durch erzielte Leistungskennwerte (d. h. Punkte auf einer PISA-Kompetenzskala) und zum anderen auf der Basis inhaltlicher Kriterien definiert. So lässt sich eine Kompetenzstufe beispielsweise anhand von Aufgabenanforderungen beschreiben, die typischerweise von Schülerinnen und Schülern auf dieser Kompetenzstufe bewältigt werden. Damit zeigen Kompetenzstufen neben einem Wertebereich auf der Kompetenzskala zugleich auf, was diese Punktwerte auf der PISA-Skala inhaltlich bedeuten. Gleichzeitig ist den Kompetenzstufen zu entnehmen, woran Schülerinnen und Schüler auf einer Stufe mit einer gewissen Wahrscheinlichkeit scheitern würden. Auf dieser Basis kann von den teilnehmenden Bildungssystemen jeweils unter Bezug auf die nationalen Bildungsziele abgeschätzt werden, inwieweit diese erreicht wurden und wo gegebenenfalls Handlungsbedarf besteht (Sälzer und Prenzel 2013). In Deutschland traf dies beispielsweise in PISA 2000 für die Lesekompetenz zu: Fast ein Viertel der Fünfzehnjährigen in Deutschland konnte lediglich auf einem elementaren Niveau lesen und der Abstand zwischen den Ergebnissen der leistungsstärksten Schülerinnen und Schüler und denen der leistungsschwächsten war breiter als in allen weiteren Teilnehmerstaaten (Baumert et al. 2001). Dieses und weitere Ergebnisse nahm die Kultusministerkonferenz zum Anlass, eine Gesamtstrategie zum Bildungsmonitoring (KMK 2006) sowie sieben zentrale Handlungsfelder (KMK 2002) zu entwickeln, um die Bildungsergebnisse und damit letztlich die Zukunftsprognose der Jugendlichen gegen Ende ihrer Pflichtschulzeit zu verbessern.

Beispielhaft sei hier die Definition der mathematischen Grundbildung (*Mathematical Literacy*) genannt, wie sie die OECD für PISA 2012 in der theoretischen Rahmenkonzeption umschreibt (OECD 2013a). *Mathematical Literacy* wird dort definiert als „die Fähigkeit einer Person, Mathematik in zahlreichen Kontexten anzuwenden, zu interpretieren und Formeln zu verwenden. Dazu gehört mathematisches Schlussfolgern ebenso wie die Anwendung mathematischer Konzepte, Vorgehensweisen, Fakten und Werkzeuge, um Phänomene zu beschreiben, zu erklären und vorherzusagen. Mathematische Grundbildung hilft Personen, die Rolle zu erkennen und zu verstehen, die Mathematik in der Welt spielt, fundierte mathematische Urteile abzugeben und Mathematik in einer Weise zu verwenden, die den Anforderungen des Lebens dieser Person als konstruktivem, engagiertem und reflektiertem Bürger entspricht" (OECD 2013a, S. 25). Diese Vorstellung mathematischer Grundbildung wird über das Design und die Testkonzeption, die PISA zugrunde liegt, in Testaufgaben überführt und damit messbar gemacht (vgl. Abschnitt 2.1.2).

2.1.2 Design und Testkonzeption von PISA

PISA ist international mit einem querschnittlichen Design angelegt: Das heißt, dass jede Teilnehmerin und jeder Teilnehmer genau einmal den PISA-Test bearbeitet. Somit gibt es nur einen Messzeitpunkt, weshalb gefundene Zusammenhänge unter anderem nicht kausal zu interpretieren sind (Sälzer und Prenzel 2013). Das internationale Design der PISA-Studie erfordert neben der Testkomponente auch die Administration zweier Fragebögen: Einen für die beteiligten Schülerinnen und Schüler sowie einen für die Schulleitungen. Darüber hinaus werden in Deutschland regelmäßig Fragebögen für Eltern sowie für Lehrkräfte eingesetzt.

Ein wesentlicher Aspekt des internationalen Erhebungsdesigns von PISA ist die sogenannte Aggregation von Daten, die auf der Ebene von Individuen (hauptsächlich Schülerinnen und Schülern) gewonnen werden. Das bedeutet, dass anhand von PISA Aussagen nicht auf individueller Ebene gemacht werden, sondern auf den Aggregationsebenen „Schule" und „Bildungssystem" (Sälzer und Prenzel 2013). Die Leistungen der Schülerinnen und Schüler werden also auf der Ebene der Schule bzw. des Bildungssystems zusammengefasst, so dass pro Teilnehmerstaat durchschnittliche Werte für die Ergebnisse resultieren. Dementsprechend ist das internationale Stichprobendesign so angelegt, dass in jedem teilnehmenden Bildungssystem zunächst nach dem Zufallsprinzip Schulen gezogen werden und innerhalb der Schulen wiederum zufallsbasiert fünfzehnjährige Schülerinnen und Schüler. Eine detaillierte Beschreibung des Stichprobendesigns findet sich beispielsweise im nationalen Berichtsband zu PISA 2012 (Heine et al. 2013). Auf diese Weise wird berücksichtigt, dass jede Schülerin und jeder Schüler nicht alle verfügbaren Testaufgaben bearbeiten kann, da Zeit und Konzentrationsfähigkeit begrenzt sind.

Durch die Aggregation und damit die Zusammenfassung der Schülerleistungen auf einer höheren Ebene ist es nicht notwendig, dass jeder an PISA beteiligte Schüler jede vorhandene Testaufgabe bearbeitet hat. Vielmehr ermöglicht der Einsatz eines sogenannten Multi-Matrix-Designs (vgl. auch Abschnitt 4.2) die Zuweisung einer Auswahl von Aufgaben zu den einzelnen Schülerinnen und Schülern. Ein solches Design erlaubt eine möglichst ökonomische Erfassung von Daten, die in mehreren umfangreichen Inhaltsbereichen belastbare Aussagen über die in verschiedenen Bildungssystemen durchschnittlich erreichten Kompetenzen zulassen (Prenzel et al. 2004; Carstensen et al. 2004). In einem Multi-Matrix-Design werden die verschiedenen Testaufgaben zu Aufgabenblöcken (auch Cluster genannt) gruppiert. In PISA sind diese Aufgabenblöcke stets „sortenrein", d. h. ein Aufgabenblock enthält ausschließlich Aufgaben aus einer der drei untersuchten Domänen. Die Aufgabenblöcke werden systematisch variiert auf mehrere Testhefte verteilt, wobei die Schülerinnen und Schüler jeweils zufällig ein bestimmtes Testheft zugewiesen bekommen (als Rotation bezeichnet). Bis einschließlich PISA 2012 wurden diese Testhefte als Papier-und-Bleistift-Test administriert, mit PISA 2015 findet eine Umstellung auf computerbasiertes Testen statt. Auch bei diesem Modus erfolgt eine Rotation.

In PISA 2012 wurden beispielsweise 13 Testhefte eingesetzt, die aus jeweils 4 Aufgabenblöcken im Umfang von jeweils 30 Minuten Bearbeitungsdauer bestanden. Jeder Aufgabenblock kam in mehreren Testheften und dort an jeweils unterschiedlicher Position vor (Heine et al. 2013). Ein Teil der Testhefte enthielt dabei Aufgabenblöcke aus allen drei Domänen, andere hingegen lediglich aus zwei Domänen. Die Aufgaben der Hauptdomäne bestehen zu etwa einem Drittel aus sogenannten Link-Items, d. h. Aufgaben, die bereits in früheren PISA-Erhebungsrunden eingesetzt worden waren und eine Verankerung (Verlinkung) der jeweils aktuellen Erhebungsrunde an früheren Runden ermöglichen, sowie etwa zwei Drittel neu entwickelten Aufgaben. Die beiden Nebendomänen werden ausschließlich anhand von Link-Items getestet (Heine et al. 2013). Auf der Basis der Link-Items können Veränderungen in den Leistungsergebnissen über mehrere Erhebungsrunden hinweg sichtbar gemacht werden. Nach den insgesamt 120 Minuten reiner Testzeit, die von einer Pause nach der ersten Hälfte unterbrochen werden, bearbeiten die Schülerinnen und Schüler den Schülerfragebogen während ungefähr 45 Minuten.

Ein Multi-Matrix-Design sieht vor, dass jeder Untersuchungsteilnehmer nur einen Teil aller verfügbaren Testaufgaben bearbeitet. Allerdings kann es dann vorkommen, dass die Auswahl der Aufgaben, die verschiedenen Schülerinnen und Schülern zugewiesen wird, unterschiedlich schwierig ist. Damit wären auch die erzielten Testleistungen nicht ohne weiteres miteinander vergleichbar. Um die Antworten auf unterschiedlich schwierige Aufgaben dennoch miteinander vergleichbar zu machen, werden die Daten skaliert (z. B. OECD 2012). Das bedeutet, dass für einen fairen und objektiven Vergleich der Kompetenz zwischen verschiedenen Schülern auch die jeweilige Schwierigkeit der unterschiedlichen Aufgaben berücksichtigt wird, wenn ein individueller Kompetenzwert geschätzt wird (Heine et al. 2013). Dafür sind eine ausreichend große Stichprobe (in der Regel mindestens vierstellig) sowie Überlappungen der Testheftinhalte notwendig (vgl. etwa Kolen und Brennan 2004).

Die Testkonzeption in PISA wird seit der ersten Erhebungsrunde in einer theoretischen Rahmenkonzeption festgehalten (z. B. OECD 1999; OECD 2013a). Dort wird beschrieben, auf welchen Konsens sich das international besetzte Expertenkonsortium bezüglich der zu erfassenden Grundbildung geeinigt hat. Im oben beschriebenen *Literacy*-Begriff wird dies deutlich. Es handelt sich bei der theoretischen Rahmenkonzeption um eine inhaltliche Festlegung, was unter der jeweiligen *Literacy* zu verstehen ist. Am Beispiel der mathematischen Grundbildung, die in PISA 2012 die Schwerpunktdomäne war, ist die Testkonzeption etwa folgendermaßen aufgebaut: Zunächst wird definiert, was unter *mathematical literacy* oder mathematischer Grundbildung zu verstehen ist (vgl. Abschnitt 2.1.1). Strukturiert wird die mathematische Grundbildung mit ihren zahlreichen Aspekten anschließend anhand der Elemente *Inhalte, Prozesse* sowie *Kontexte* (Sälzer, Reiss et al. 2013). Zunächst werden vier Inhaltsbereiche unterschieden, Veränderung und Beziehungen, Raum und Form, Quantität sowie Unsicherheit und Daten. Der Inhaltsbereich Veränderung und Beziehungen kommt dabei dem schulischen Themengebiet der Algebra nahe und umfasst vorwiegend funktionale und relationale Beziehungen zwischen mathematischen Objekten. Raum und Form entspricht weitestgehend dem Themengebiet der Geometrie, während mit Quantität die Verwendung von Zahlen zur Strukturierung und Beschreibung von Situationen gemeint ist (Sälzer, Reiss et al. 2013). Unsicherheit und Daten sind der vierte Inhaltsbereich; sie haben als Schwerpunkte den Umgang mit statistischen Daten und Zufallsphänomenen. Verknüpft werden diese vier Inhaltsbereiche in der theoretischen Rahmenkonzeption mit drei mathematischen Prozessen. Diese Prozesse fokussieren grundlegende mathematische Tätigkeiten, die als zentral für eine mathematische Grundbildung ausgewählt wurden (OECD 2013a): (1) Situationen mathematisch formulieren, (2) mathematische Konzepte, Fakten, Prozeduren und Schlussfolgerungen anwenden und (3) mathematische Ergebnisse interpretieren, anwenden und bewerten. Als drittes Strukturierungselement mathematischer Grundbildung werden bestimmte Kontexte definiert, in denen mathematische Probleme verankert werden. In PISA 2003 wurden diese Kontexte mit Situationen bezeichnet (OECD 2004). Diese Kontexte bestimmen zu großen Teilen, welche mathematischen Strategien die Schülerinnen und Schüler jeweils wählen können (oder müssen), um zu einer adäquaten Lösung zu kommen. Dazu gehören beispielsweise Elemente der Lebenswelt der Jugendlichen, die eine direkte Verbindung zum Alltag schaffen und individuelle Interessen der Fünfzehnjährigen ansprechen sollen (OECD 2013a). Damit durch die Kontexte, in denen die Testaufgaben gestellt werden, eine möglichst große Bandbreite an Interessen abgedeckt ist, werden vier Kategorien unterschieden: persönliche, berufliche, gesellschaftliche und wissenschaftliche Kontexte. Dabei zielen persönliche Kontexte auf das direkte Umfeld der Fünfzehnjährigen ab, wie z. B. ihre Familie, ihre Freunde oder ihre Schulklasse. Typische Themen in diesem Kontext sind etwa Einkaufen, Gesundheit, Sport und Freizeit oder Finanzplanung. Berufliche Kontexte betreffen die Arbeitswelt und behandeln Themen wie etwa Dienstpläne, Buchhaltung oder Entscheidungsfindungen. Inhalte des gesellschaftlichen Kontexts sind in sozialen Gefügen im Umfeld von Individuen eingebettet und können lokal, national oder auch global angelegt sein. Mögliche Themen sind demographische Entwicklungen, Wahlsysteme oder Werbung. Wissenschaftliche Kontexte schließlich erfordern die Anwendung von Mathematik auf naturwissenschaftliche oder technologische Themen, wie etwa Wetter und Klima, Medizin, Raumfahrt oder Genetik (Sälzer, Reiss et al. 2013). Anhand der Kontexte wird in PISA angestrebt, mathematische Kompetenz auf möglichst lebensnahe Gegebenheiten zu beziehen, an die die Fünfzehnjährigen in den teilnehmenden Staaten anknüpfen können und die für sie relevant sind. Eine hundertprozentige Übereinstimmung der Lebensnähe in verschiedenen Staaten ist dabei weder notwendig noch sinnvoll. Vielmehr ist davon auszugehen, dass jeder Fünfzehnjährige, der an PISA teilnimmt, einen Teil der Themen in den Testaufgaben noch nicht kennt und auf Kontexte mit höherer und niedrigerer persönlicher Relevanz trifft. Ausschlaggebend ist schlussendlich die Bandbreite an Inhalten, Prozessen und Kontexten, die insgesamt durch alle Aufgaben (und über alle Schülerinnen und Schüler hinweg) abgedeckt wird.

Neben der Mathematik, die hier beispielhaft in ihrer konzeptionellen Struktur dargestellt wurde, werden in PISA auch die weiteren Domänen (Lesekompetenz sowie Naturwissenschaften) aufbereitet und definiert. Dazu gehören auch die jeweils übergreifenden Kompetenzen wie Selbstregulation oder Problemlösen (vgl. z. B. OECD 1999; OECD 2003; OECD 2013a).

2.2 TIMSS: Die Trends in International Mathematics and Science Study

Die von der IEA initiierte *Trends in Mathematics and Science Study* (TIMSS) erfasst die Fachleistungen von Schülerinnen und Schülern in den Bereichen Mathematik und Naturwissenschaften. Eine Besonderheit von TIMSS ist, dass die Studie mehrere Jahrgangsstufen von Schülerinnen und Schülern untersucht. TIMSS an Grundschulen ging aus der *Third International Mathematics and Science Study* (TIMS) hervor, die als erste TIMS-Studie in Deutschland im Jahr 1995 mit Schülerinnen und Schülern der Sekundarstufe I und II durchgeführt wurde (Baumert et al. 2000). Auch damals hatte es auf internationaler Ebene einen Grundschulteil gegeben, an dem Deutschland allerdings nicht teilnahm. Erstmals auf der Grundschulstufe beteiligte sich Deutschland im Jahr 2007 an TIMSS (vgl. Bos, Bonsen et al. 2008) und mit TIMSS 2011 erfolgte die Grundschuluntersuchung zum zweiten Mal (Bos et al. 2012). TIMSS wird seit 1995 alle vier Jahre durchgeführt, TIMSS *Advanced* mit Schülerinnen und Schülern am Ende der Sekundarstufe fand bislang dreimal statt (1995, 2008 und 2015). Die derzeit aktuellsten verfügbaren Ergebnisse stammen aus TIMSS 2011. Mit Bezug auf nationale Curricula und weitere Lehr- und Lernbedingungen untersucht TIMSS 2011 die Fertigkeiten von Schülerinnen und Schülern am Ende der vierten Jahrgangsstufe, die sie im Rahmen von Aufgaben zur Mathematik und den Naturwissenschaften zeigen. Zentral ist dabei die Idee, grundlegende Kompetenzen zu messen, die nach vier Jahren Schulbesuch erworben wurden; dies ist verbunden mit der Frage, ob diese Kompetenzen sich beim Vergleich der Schülerinnen und Schüler systematisch unterscheiden. Beispiele hierfür sind etwa Unterschiede zwischen Mädchen und Jungen oder bezogen auf die soziale Herkunft oder einen Zuwanderungshintergrund.

An TIMSS 2011 waren weltweit insgesamt 59 Bildungssysteme beteiligt. 50 Staaten oder Regionen führten TIMSS als reguläre Teilnehmer durch, die übrigen unter gesonderten Teilnahmebedingungen als sogenannte Benchmark-Teilnehmer oder mit einer eingeschränkten Stichprobe (Wendt, Bos et al. 2012). Die Rahmenkonzeption, auf deren Grundlage die Aufgaben entwickelt werden, wurde von einer international besetzten Expertengruppe erarbeitet. Neben den Leistungen der Schülerinnen und Schüler werden auch Merkmale der Schülerinnen und Schüler selbst, ihrer Lehrkräfte und der Lernumgebungen erfasst, so dass der Erwerb und die Bedingungen für die Entwicklung mathematischer und naturwissenschaftlicher Kompetenz adäquat nachgezeichnet und analysiert werden können.

Auf konzeptueller Ebene legt TIMSS ein sogenanntes Curriculum-Modell zu Grunde. Dieses Modell unterscheidet drei Ebenen: das Bildungssystem, Schule und Klassenzimmer sowie die Schülerinnen und Schüler (Mullis et al. 2009). Das Modell wurde bereits in früheren TIMSS-Erhebungsrunden verwendet (u. a. Baumert et al. 2000). Gemäß dem Curriculum-Modell hat jedes Bildungssystem ein eigenes, intendiertes Curriculum. Dies steht dem Anspruch einer internationalen Vergleichbarkeit zunächst einmal entgegen, da sich die Curricula verschiedener Staaten vielfach deutlich voneinander unterscheiden. Solche Unterschiede betreffen neben den

Inhalten auch den Zeitpunkt in der Schullaufbahn, zu dem diese gelehrt werden. Zur Erfassung dieses intendierten Curriculums pro Staat werden Experten gebeten, in einem entsprechenden Fragebogen die vorgesehenen mathematischen und naturwissenschaftlichen Inhalte und Prozesse einzutragen, die gemäß curricularer Vorgaben gelernt werden sollen (Wendt, Tarelli et al. 2012). Die an TIMSS teilnehmenden Schülerinnen und Schüler erhalten während des Tests Aufgaben aus einem gemeinsamen Aufgabenpool, der die Vergleichbarkeit von Leistungen zwischen verschiedenen Staaten wiederum ermöglicht. Indem die von den Schülerinnen und Schülern erbrachten Leistungen im jeweiligen curricularen Kontext interpretiert werden, gelingt die Verbindung eines staatenübergreifenden Vergleichs auf der Grundlage gemeinsamer Testaufgaben mit einer curricular verankerten Interpretation auf der Ebene der Teilnehmerstaaten.

Die Ebene der Schule bzw. des Klassenzimmers ist der Ort des sogenannten implementierten Curriculums: Die Umgebung sowie die Organisation einer Schule beeinflussen, inwieweit curriculare Ziele dort umgesetzt und erreicht werden können (Mullis et al. 2009). TIMSS konzentriert sich deshalb auf eine Reihe von Indikatoren, von denen als gesichert gilt, dass sie der Erreichung curricularer Ziele zuträglich sind. Beispielsweise werden Angaben dazu erhoben, wie groß eine Schule ist, wo sie liegt und wie sie ausgestattet ist; auch Aspekte des Schulklimas, des Schulmanagements, der Elternarbeit sowie des Lehrerkollegiums werden berücksichtigt. Besonders relevant sind im Rahmen der TIMSS-Studie Fragen dazu, wie curriculare Inhalte und Vorgaben auf dem Niveau der einzelnen Klasse umgesetzt werden – welcher Lernstoff also wirklich im Unterricht behandelt wird. Durch den expliziten Bezug zum jeweiligen Curriculum der beteiligten Bildungssysteme wird eine Schnittmenge zwischen den gemessenen Kompetenzen in Mathematik und Naturwissenschaften und den Curricula erreicht, die eine gezielte Einordnung der erbrachten Schülerleistungen in die nationalen Anforderungen der Curricula für die jeweilige Altersstufe erlaubt.

Die dritte Ebene, Schülerinnen und Schüler, steht für das sogenannte erreichte Curriculum. Durch die Bearbeitung der TIMSS-Testaufgaben sowie eines Schülerfragebogens zeigen die Schülerinnen und Schüler, was über den Unterricht (bzw. das implementierte Curriculum) von den vorgesehenen Inhalten und Prozessen (also dem intendierten Curriculum) bei ihnen angekommen ist. Neben dem Gelernten werden auch bestimmte Haltungen und Einstellungen der Schülerinnen und Schüler zum jeweiligen Fach erhoben (Wendt, Tarelli et al. 2012).

Die Auswahl der untersuchten Population in TIMSS orientiert sich daran, dass die getesteten Schülerinnen und Schüler in allen Staaten zum Zeitpunkt der Datenerhebung möglichst bereits gleich lange zur Schule gehen. Eines der zentralen Ziele ist die Entwicklung von empirisch fundierten Empfehlungen für die Bildungspolitik, die sich konkret auf schulische und unterrichtliche Praktiken beziehen. Diese hängen oft eng mit der jeweiligen Klassenstufe oder auch mit der besuchten Schulart zusammen. Um möglichst vollständige Schülerjahrgänge miteinander vergleichen zu können, wird als erstes Kriterium die sogenannte ISCED-Klassifizierung bestimmt. ISCED steht für *International Standard Classification of Education* und ist in verschiedene Levels unterteilt (UNESCO Institute of Statistics 2006). Als Zielpopulation für TIMSS wurde festgelegt, dass sich die Teilnehmer im vierten Schuljahr befinden sollen (Wendt, Tarelli et al. 2012), was in den meisten Teilnehmerstaaten der Jahrgangsstufe 4 entspricht. Als zweites Kriterium wurde ergänzt, dass die teilnehmenden Schülerinnen und Schüler im Mittel 9 Jahre und 6 Monate alt sein sollen, damit die eingesetzten Leistungstests sowie die Durchführung der Testsitzung möglichst entwicklungsgerecht sind (Mullis et al. 2009).

Ähnlich wie bei PISA ist bei TIMSS darauf zu achten, dass die eingesetzten Testaufgaben einen Vergleich zwischen unterschiedlichen Bildungssystemen zulassen. Dazu gehört eine gründliche Überprüfung sowohl sprachlicher als auch psychometrischer Eigenschaften der Aufgaben. Psychometrische Eigenschaften umfassen Aspekte psychologischen Messens, also etwa die Genauigkeit oder die Fairness von Aufgaben. Bei TIMSS kommt im Gegensatz zu PISA der Anspruch curricularer Validität hinzu, so dass der Grad der Übereinstimmung zwischen den in TIMSS eingesetzten Tests und den national spezifischen Lehrplänen von Staat zu Staat unterschiedlich ist (Wendt, Tarelli et al. 2012). Um mit dieser Unterschiedlichkeit umgehen zu können, erfolgt zu Beginn eines TIMSS-Zyklus eine sogenannte *Test-Curriculum Matching Analysis* (TCMA; Mullis et al. 2009), in deren Rahmen alle beteiligten Bildungssysteme durch Experten jede Testaufgabe bezüglich ihrer Validität oder Passung für das jeweilige nationale Curriculum beurteilen. Diese Einschätzung wird dann von den nationalen Studienleitungen dazu verwendet, die eigenen Ergebnisse der TIMSS-Erhebung in Bezug auf das nationale Curriculum zu interpretieren. Hierbei kann vergleichend folgender Frage nachgegangen werden: Wie fallen die Ergebnisse eines Staates in Form von der durchschnittlichen Lösungswahrscheinlichkeit der einzelnen Aufgaben im Vergleich zu allen anderen Teilnehmern aus, wenn ausschließlich die Aufgaben ausgewertet werden, die einen direkten Bezug zum nationalen Curriculum haben (Mullis et al. 2009)? Wie auch in PISA wird in TIMSS eine Reihe von Fragebögen eingesetzt, die der Erfassung persönlicher Merkmale wie z. B. Einstellungen, aber auch der Erhebung von Kontextmerkmalen dient. In TIMSS 2011 wurden neben einem Schülerfragebogen auch Fragebögen für Eltern, für die Mathematik- und Sachunterrichtslehrkräfte, die Schulleitung sowie ein Curriculumfragebogen vorgelegt (Wendt, Tarelli et al. 2012).

2.2.1 Kompetenzbegriff in TIMSS

In TIMSS stehen mit der Mathematik und den Naturwissenschaften zwei Kompetenzdomänen im Mittelpunkt. Wie auch bei PISA werden beide Domänen in Form einer theoretischen Rahmenkonzeption beschrieben und spezifiziert, so dass auf dieser Basis Aufgaben zur Erfassung der mathematischen und naturwissenschaftlichen Kompetenz entwickelt werden können. Beide Domänen werden in zwei Dimensionen untergliedert: eine inhaltliche und eine kognitive (Mullis et al. 2009). Die inhaltliche Dimension umfasst grundlegende Stoffgebiete (Inhaltsbereiche), während sich die kognitive auf fachspezifische Denkprozesse (sogenannte kognitive Anforderungen) bezieht, die in den Testaufgaben umgesetzt werden (Mullis et al. 2009).

Die kognitiven Anforderungen werden in unterschiedliche, hierarchisch angeordnete Niveaus unterteilt. Auf diese Weise können die Schülerkompetenzen in beiden Domänen differenziert erfasst und beschrieben werden. Zudem können in Verbindung mit dieser relativ allgemein gehaltenen Unterteilung gezielt hinreichende Schnittmengen mit den Curricula der teilnehmenden Bildungssysteme geschaffen werden.

Interessanterweise taucht der Begriff Kompetenz (engl. *competence*) in der theoretischen Rahmenkonzeption für Mathematik und Naturwissenschaften zu TIMSS 2011 nicht explizit auf (Mullis et al. 2009). Dennoch geht aus dieser Rahmenkonzeption klar hervor, dass auch TIMSS als Schulleistungsstudie ein Bild von grundlegenden Kompetenzen zeichnet, welches im Rahmen der Studie erfasst werden soll. Zentral ist laut der Rahmenkonzeption für Naturwissenschaften ein grundlegendes Verständnis von Naturwissenschaften, das es Schülerinnen und Schülern ermöglicht, überlegte Entscheidungen zu treffen (S. 49). Etwas konkreter sollen im schulischen Naturwissenschaftsunterricht die Grundlagen dafür gelegt werden, dass die Schülerinnen und Schüler als Erwachsene das Wissen und Verständnis dafür haben, fundierte Entscheidungen in Lebensbereichen wie Gesundheit, Klima oder Technologie treffen zu können. Konkretisiert wird diese noch sehr allgemein gehaltene Definition in mehreren Schritten. Zunächst werden für die jeweiligen Alterskohorten (Klassenstufe 4 und 8) die Inhaltsbereiche bestimmt und dann die kognitiven Anforderungen. Für die Klassenstufe 4, die in Deutschland an TIMSS 2011 teilnahm, sind drei Inhaltsbereiche vorgesehen: Biologie, Physik/Chemie sowie Geographie. Diese wiederum umfassen eine Vielfalt an Teilgebieten, wie beispielsweise Kennzeichen des Lebendigen, biologische Zusammenhänge in Lebensräumen, Aggregatzustände, Licht, Kräfte oder Wasser auf der Erde und Wetterbedingungen (Kleickmann et al. 2012). Für die Klassenstufe 8 werden die Naturwissenschaften in Biologie, Chemie, Physik sowie Geographie unterteilt. In beiden Kohorten werden drei kognitive Anforderungsniveaus differenziert, die abgestuft nach Komplexität zunächst Reproduzieren, dann Anwenden und schließlich Problemlösen heißen (Kleickmann et al. 2012). Diese kognitiven Prozesse gelten ebenso für die Domäne Mathematik. Auch dort werden für die beiden Alterskohorten jeweils die Inhaltsbereiche differenziert, wobei dies für die Klassenstufe 4 neben Arithmetik die beiden Bereiche Geometrie/Messen sowie Umgang mit Daten sind und für die Klassenstufe 8 Arithmetik, Algebra, Geometrie sowie Daten und Zufall. In Deutschland wurde TIMSS 2011 in der Klassenstufe 4 durchgeführt, wobei die drei für diese Alterskohorte gültigen Inhaltsbereiche in mehrere Teilgebiete gegliedert wurden. Zu Arithmetik gehören Themen wie natürliche Zahlen, Brüche und Dezimalzahlen, Zahlensätze oder Muster und Beziehungen (Selter et al. 2012).

Anders als das *Literacy*-Konzept, welches in PISA und IGLU zugrunde gelegt wird, macht die theoretische Rahmenkonzeption von TIMSS direkt den Schritt von der Bezeichnung einer Domäne zu den Inhaltsbereichen und den jeweiligen kognitiven Anforderungen. Dadurch wird zwar kein konkreter Kompetenzbegriff definiert, aber anhand der beiden Dimensionen Inhalt und kognitive Anforderung heruntergebrochen, was gemäß dem Konsens internationaler Experten an Wissen und Fertigkeiten für die untersuchte Altersgruppe angemessen und erwartbar ist. Zudem wer-

2.2 TIMSS: Die Trends in International Mathematics and Science Study

den diese beiden Dimensionen durch die Verankerung in den nationalen Curricula der Teilnehmerstaaten ergänzt, so dass etwa in Deutschland ein unmittelbarer Bezug zu den nationalen Bildungsstandards in Mathematik sowie zu den Lehrplänen für Naturwissenschaften für die Primarstufe hergestellt werden kann, für die es derzeit keine länderübergreifenden Bildungsstandards gibt (Selter et al. 2012; Kleickmann et al. 2012). Die länderübergreifenden Bildungsstandards für Mathematik in Deutschland (KMK 2004b) beschreiben mathematische Kompetenzen, die Kinder am Ende der vierten Jahrgangsstufe typischerweise erreicht haben sollen. Die Bildungsstandards in Mathematik werden in zwei Dimensionen unterteilt, nämlich inhaltsbezogene und allgemeine mathematische Kompetenzen. Die *inhaltsbezogenen* mathematischen Kompetenzen werden konkretisiert, indem sie mit fünf Leitideen verknüpft werden: Zahlen und Operationen, Raum und Form, Muster und Strukturen, Größen und Messen sowie Daten, Häufigkeit und Wahrscheinlichkeit. Innerhalb der Leitideen werden wiederum inhaltsbezogene Kompetenzen formuliert, die im nächsten Schritt als Standards weiter konkretisiert sind. Beispielsweise werden der Leitidee *Zahlen und Operationen* drei Kompetenzen zugeordnet: Darstellungen und Beziehungen von Zahlen verstehen, Rechenoperationen verstehen und beherrschen sowie in Kontexten rechnen. Zur ersten Kompetenz, Darstellungen und Beziehungen von Zahlen verstehen, sind drei Standards formuliert: den Aufbau des dezimalen Stellenwertsystems verstehen, Zahlen bis 1.000.000 auf verschiedene Weise darstellen und zueinander in Beziehung setzen sowie sich im Zahlenraum bis 1.000.000 orientieren (z. B. Zahlen runden oder der Größe nach sortieren). Die fünf *allgemeinen* oder prozessbezogenen mathematischen Kompetenzen umschreiben den Prozess der Entwicklung und des Erwerbs der inhaltsbezogenen Kompetenzen (KMK 2004b). Hierfür ist der schulische Unterricht wesentlich, denn in dessen Rahmen können Anlässe geschaffen werden,

- selbst oder gemeinsam Probleme mathematisch zu lösen
- über das Verstehen und Lösen von Aufgaben zu kommunizieren
- über Vermutungen und mathematische Zusammenhänge zu argumentieren
- Sachsituationen in die Sprache der Mathematik zu übertragen und zu modellieren
- für die Bearbeitung von Problemen geeignete Darstellungen zu entwickeln oder diese auszuwählen (vgl. Walther et al. 2007).

Ebenso wie die inhaltsbezogenen Kompetenzen wurden auch die allgemeinen mathematischen Kompetenzen in Form von Standards konkretisiert. Für die Argumentationskompetenz lauten diese beispielsweise: mathematische Aussagen hinterfragen und auf Korrektheit prüfen, mathematische Zusammenhänge erkennen und Vermutungen entwickeln sowie Begründungen suchen und nachvollziehen (KMK 2004b).

TIMSS verbindet also eine zweidimensionale Vorstellung von Kompetenz (inhaltlich sowie kognitiv) mit den jeweiligen nationalen Curricula für die vierte Jahrgangsstufe. Zur Veranschaulichung der Kompetenz werden im Rahmen von TIMSS für die Gesamtskala Mathematik fünf Kompetenzstufen unterschieden, die von rudimentärem schulischem Anfangswissen über durchschnittliches, grundlegendes Wissen bis hin zu fortgeschrittenen Fertigkeiten reichen (vgl. Selter et al. 2012).

Diese Kompetenzstufen erlauben neben der Darstellung der Leistungsstände von Schülerinnen und Schülern anhand statistischer Kennwerte auch eine inhaltliche Beschreibung dessen, was die Viertklässlerinnen und Viertklässler im Bereich Mathematik beherrschen und was (noch) nicht. Ähnlich sind die fünf Kompetenzstufen für die Domäne Naturwissenschaften aufgebaut. Auch hier wird von rudimentärem schulischem Anfangswissen gesprochen, das über grundlegendes Alltagswissen bis hin zum beginnenden naturwissenschaftlichen Denken reicht (vgl. Kleickmann et al. 2012).

Im nächsten Abschnitt wird die Schulleistungsstudie IGLU vorgestellt, die konzeptionell eng mit TIMSS verwandt ist. Daher werden für beide Studien, TIMSS und IGLU, deren Design und Testkonzeption gemeinsam in Abschnitt 2.3.2 beschrieben.

2.3 IGLU: *Internationale Grundschul-Lese-Untersuchung* (engl. PIRLS)

Die Internationale Grundschul-Lese-Untersuchung (IGLU; engl. *Progress in International Reading Literacy Study*) greift die fundamentale Bedeutung der Lesekompetenz für die individuelle und gesellschaftliche Entwicklung und wirtschaftlichen Wohlstand auf (Campbell et al. 2001). IGLU untersucht, wie gut Viertklässlerinnen und Viertklässler in den teilnehmenden Bildungssystemen verstehend lesen können und inwieweit Verbesserungsbedarf bei der Lesefähigkeit besteht. Ähnlich wie im Rahmen von PISA steht bei IGLU eine bestimmte Gruppe von Schülerinnen und Schülern im Mittelpunkt. Die Definition dieser Gruppe ist jedoch anders als bei PISA nicht altersbasiert, sondern klassenstufenbasiert. Sie entspricht der Grundschulstichprobe in TIMSS und legt fest, dass Schülerinnen und Schüler der vierten Jahrgangsstufe, die zum Testzeitpunkt mindestens 9 Jahre und 6 Monate alt sind, für die Stichprobe in IGLU in Frage kommen. Damit liegt der Testzeitpunkt am Ende der Grundschulphase, was in den meisten Teilnehmerstaaten der vierten Jahrgangsstufe entspricht. Um analog zu TIMSS eine entwicklungsgerechte Passung der Leistungstests zu erreichen, wird auch bei IGLU ein Alterskriterium festgelegt. Das durchschnittliche Alter der Untersuchungspopulation muss zum Zeitpunkt der Datenerhebung mindestens 9 Jahre und 5 Monate betragen (Tarelli et al. 2012).

IGLU folgte der seit 1991 existierenden *Reading Literacy Study*, in deren Verlauf die theoretische Rahmenkonzeption sowie die Testinstrumente für IGLU entwickelt wurden (Campbell et al. 2001). Seit 2001 wird IGLU alle fünf Jahre durchgeführt (Tarelli et al. 2012) und ist ebenso wie TIMSS eine der zentralen Studien der IEA. Das wichtigste Ziel von IGLU ist eine langfristige Dokumentation von Entwicklungen und Fortschritten in den beteiligten Bildungssystemen (Campbell et al. 2001).

Mit der Erhebung im Jahr 2011 fielen die beiden IEA-Studien TIMSS und IGLU erstmals zusammen, so dass Viertklässler in Deutschland sowohl im Bereich der Lesekompetenz als auch in Mathematik und den Naturwissenschaften getestet wurden. Die teilnehmenden Staaten konnten entscheiden, ob beide Studien gemeinsam mit

2.3 IGLU: *Internationale Grundschul-Lese-Untersuchung* (engl. PIRLS)

denselben Schülerinnen und Schülern an zwei unterschiedlichen Schultagen oder parallel mit verschiedenen Klassen durchgeführt werden sollten. In Deutschland wurden IGLU und TIMSS 2011 ebenso wie in 37 weiteren Staaten mit einer gemeinsamen Schülerstichprobe umgesetzt (Tarelli et al. 2012). Damit ist eine gemeinsame Datengrundlage entstanden, anhand derer man die Lesekompetenz der Kinder auch unter Berücksichtigung ihrer Leistungen in den Kompetenzbereichen Naturwissenschaften und Mathematik einordnen und interpretieren und damit in Form von Leistungsprofilen abbilden kann.

Die leitende Fragestellung von IGLU zielt auf die grundlegenden Lesekompetenzen ab, welche Schülerinnen und Schüler in den teilnehmenden Bildungssystemen am Ende der vierten Jahrgangsstufe erworben haben (Mullis et al. 2009; Tarelli et al. 2012). Der Erwerb der Lesekompetenz zu diesem Zeitpunkt dient als Indikator für die voraussichtliche weitere Entwicklung der Schülerinnen und Schüler am Ende der Primarstufe und erlaubt unter Bezug auf theoretische Annahmen und bisherige Forschungsbefunde eine Prognose über die Fähigkeit, sich lesend die Welt zu erschließen. Im Rahmen der Berichterstattung zu den Ergebnissen der ersten IGLU-Studie 2001 in Deutschland wurde ein theoretisches Rahmenmodell vorgestellt, das für die Interpretation der Befunde eine Verortung von Lehren und Lernen in bestimmten gesellschaftlichen Ausgangsbedingungen annimmt (vgl. etwa Baumert und Weiß 2002). Schulinterne Bedingungen des Kompetenzerwerbs werden dabei ebenso berücksichtigt wie bildungspolitische Rahmenbedingungen, aber auch Merkmale der Schülerinnen und Schüler sowie ihrer Elternhäuser.

An IGLU 2011 nahmen weltweit 56 Bildungssysteme teil, die meisten davon als souveräne Staaten (Tarelli et al. 2012). Eine kleine Teilgruppe führte IGLU ausschließlich oder ergänzend an Schülerinnen und Schülern der sechsten Jahrgangsstufe durch, was den Teilnehmerstaaten als internationale Option ermöglicht wird. Ein möglicher Grund für die Wahl dieser Option ist beispielsweise, dass ein Staat begründet davon ausgeht, die Leistungen der Schülerinnen und Schüler der vierten Jahrgangsstufe seien mit dem internationalen Durchschnitt dieser Kohorte nicht vergleichbar. Eine Neuerung in IGLU 2011 war zudem die Einführung von prePIRLS, einem insgesamt einfacheren Test der Lesekompetenz, der für Staaten mit vermutlich unterdurchschnittlicher Lesekompetenz sowohl als Einstieg in IGLU oder zur detaillierteren Beschreibung relativ schwacher Lesefähigkeit genutzt werden kann. Die Aufgaben in IGLU und prePIRLS wurden auf der Grundlage derselben theoretischen Rahmenkonzeption entwickelt, um gezielt den unteren Bereich des Kompetenzspektrums besser beschreiben zu können. Dazu wurden gezielt relativ einfach zu lösende Aufgaben entwickelt. In jedem partizipierenden Bildungssystem nehmen pro Erhebungsrunde etwa 4000 Schülerinnen und Schüler an mindestens 150 Schulen teil.

Ähnlich wie bei PISA wurde auch bei IGLU in Deutschland eine nationale Ergänzungsstudie durchgeführt, die als IGLU-E (Bos, Hornberg et al. 2008) neben der internationalen Verortung der Lesekompetenz bei den Schülerinnen und Schülern in Klasse 4 auch einen bundesweiten Vergleich des Kompetenzniveaus zwischen den Ländern in Deutschland erlaubte. Beide nationalen Ergänzungsstudien wurden mit der Gründung des IQB durch den Ländervergleich abgelöst.

Ergänzend zu den Leistungstests kommen auch im Rahmen der IGLU-Studie Kontextfragebögen zum Einsatz, die auf fünf Ebenen lokalisiert sind: Schülerinnen und Schüler, Eltern, Lehrkräfte, Schule sowie System (Tarelli et al. 2012).

2.3.1 Kompetenzbegriff in IGLU

Die Anschlussfähigkeit einer Kompetenz ist ein zentrales Element für die Definition von Grundbildung im Sinne des *Literacy*-Konzepts. Eine ausführliche Definition des *Literacy*-Begriffs findet sich in Abschnitt 2.1.1. Das *Literacy*-Konzept wird in IGLU, ähnlich wie in PISA, herangezogen, um zu beschreiben, was die wünschenswerte Lesekompetenz gegen Ende des vierten Schuljahres ausmacht. Lesekompetenz in IGLU ist demnach stark an einer Vorstellung von Grundbildung ausgerichtet, die deutlich über das Entziffern von Buchstabenfolgen hinausgeht. Während Schulkinder zunächst an den grundlegenden Schriftspracherwerb herangeführt werden und lernen, flüssig und sinnverstehend zu lesen (Bremerich-Vos et al. 2012), ist die Idee der Lesekompetenz nach der *Literacy*-Tradition deutlich differenzierter. Lesen können bedeutet, verschiedene Arten von Texten zu verstehen und sie für weiteres Lernen und die Verfolgung eigener Interessen nutzen zu können. Wer kompetent liest, kann lesend lernen und sich die Welt erschließen (Mullis et al. 2009); Lesen als Kulturtechnik ist also ein Schlüssel zur Gesellschaft und wer gut lesen kann, hat auch mehr Freude daran und wird eher um des Lesens willen lesen als jemand, der sich sehr anstrengen muss, um einen Text zu entziffern.

Die Modellvorstellung, die für die Beschreibung der Lesekompetenz in IGLU verwendet wird, unterscheidet drei Bereiche (vgl. Bremerich-Vos et al. 2012):

- Leseintention: Mit welcher Absicht wird ein Text gelesen? Unterschieden wird dabei zwischen literarischen Texten und Informations- bzw. Sachtexten.
- Verständnis von Informationen in einem Text. Unterschieden werden hier textimmanente und wissensbasierte Verstehensleistungen, also das Verstehen von im Text gegebenen Informationen und das Verstehen auf der Basis von Wissen außerhalb des Textes.
- Leseverhalten und Einstellungen gegenüber dem Lesen.

Um die Ausprägung der Lesekompetenz in IGLU vergleichend beschreiben zu können, werden auch hier mehrere Verstehensprozesse unterschieden. Sie ermöglichen es, gute von weniger guten Leserinnen und Lesern zu unterscheiden und dabei auch angeben zu können, womit die getesteten Schülerinnen und Schüler noch Schwierigkeiten beim Lesen haben. Der Begriff der Lesekompetenz in IGLU differenziert vier Verstehensprozesse (vgl. Bremerich-Vos et al. 2012):

- explizit im Text angegebene Informationen finden
- einfache Schlussfolgerungen ziehen
- komplexe Schlussfolgerungen ziehen, Texte interpretieren und Informationen kombinieren

- Textinhalt und Sprachgebrauch prüfen und bewerten.

Diese vier Verstehensprozesse können die an IGLU beteiligten Kinder aufweisen, indem sie entweder textimmanente Information nutzen oder ihr Vorwissen – wie oben in den drei Bereichen der Lesekompetenz beschrieben.

Im Vergleich etwa zu PISA bleibt das Modell und die Definition der Lesekompetenz alles in allem damit zwar allgemeiner, ist dafür jedoch mit den Bildungsstandards der KMK im Fach Deutsch für den Primarbereich vereinbar (vgl. Bremerich-Vos et al. 2012). Die in IGLU eingesetzten Aufgaben lassen sich den in den Bildungsstandards formulierten Leitideen zuordnen und können in diesem Sinne als curricular valide gelten.

Wie auch in PISA und TIMSS üblich, wird die (Lese-)Kompetenz in IGLU in Form eines Stufenmodells hierarchisch abgebildet. Unterschieden werden dabei fünf Kompetenzstufen, die von einem rudimentären Leseverständnis (Stufe I) über die Fähigkeit, „verstreute" Informationen miteinander zu verknüpfen (Stufe III), bis hin zur selbstständigen Interpretation ganzer Texte und Kombination von Passagen und Aussagen (Stufe V) reichen.

2.3.2 Design und Testkonzeption von TIMSS und IGLU

Die jeweils letzte Erhebungsrunde im Jahr 2011 fiel für TIMSS und IGLU auf denselben Zeitraum. Deshalb entschieden sich 38 teilnehmende Bildungssysteme, darunter auch Deutschland, für die Durchführung beider Studien an einer gemeinsamen Stichprobe. Demnach hatte jede teilnehmende Schule insgesamt zwei Testtage, die in der Regel unmittelbar aufeinanderfolgten. Die Testkomponenten wurden dabei systematisch so rotiert, dass an etwa der Hälfte der Schulen die IGLU-Testkomponente am ersten Testtag erfolgte und TIMSS am zweiten Tag. An den übrigen Schulen wurden die beiden Erhebungen in umgekehrter Reihenfolge durchgeführt (Tarelli et al. 2012). Die Reihenfolge der Testkomponenten hatte somit keinen Einfluss auf die Leistungsergebnisse der Schülerinnen und Schüler (Foy 2012).

IGLU und TIMSS setzen ebenso wie PISA ein Multi-Matrix-Design und damit eine Rotation mehrerer Testhefte ein (Tarelli et al. 2012; Wendt, Tarelli et al. 2012). In TIMSS enthalten 14 Testhefte jeweils vier Aufgabenblöcke, die aus 10 bis 15 Einzelaufgaben zusammengesetzt wurden. Jedes TIMSS-Testheft umfasst jeweils zwei Blöcke aus Mathematik- und Naturwissenschaftsaufgaben. Ungefähr 60 Prozent der Aufgaben in TIMSS werden aus früheren Erhebungsrunden übernommen, um Veränderungen in den Leistungsergebnissen über die Zeit als Trend abbilden zu können (Mullis et al. 2009). In IGLU werden sogenannte Leistungstests auf 13 verschiedene Testhefte verteilt, so dass ein IGLU-Testheft zwei der insgesamt zehn Leistungstests enthält, die in jeder IGLU-Runde eingesetzt werden. Ein Leistungstest besteht aus jeweils einem kindgerecht gestalteten Text und bis zu 15 ihm zugeordneten Aufgaben. Dabei kommen in jeder Erhebungsrunde sowohl neue als auch bereits in vorherigen Runden verwendete Texte zum Einsatz. Letztere ermöglichen die Verankerung der Kompetenzwerte der jeweils aktuellen Erhebungsrunde an denjenigen der vorhergehenden Studien, d. h. die Identifikation von Veränderungen in den Leistungsergebnissen über mehrere Erhebungsrunden hinweg (Tarelli et al. 2012).

Die Testkonzeptionen für TIMMS und IGLU werden in sogenannten theoretischen Rahmenkonzeptionen verdichtet und festgehalten. Sowohl TIMSS als auch IGLU legen dabei ein Modell zugrunde, an dem sich die Testkonstruktion ausrichtet. Bei TIMSS ist dies das oben beschriebene Curriculum-Modell (vgl. Abschnitt 2.2), das die drei Ebenen des Bildungssystems, der Schule sowie der Schülerinnen und Schüler differenziert. Dabei steht das intendierte Curriculum auf der Ebene des Bildungssystems und gibt an, welche Inhalte und Fähigkeiten in einer bestimmten Jahrgangsstufe zu vermitteln sind. Diese Ebene des nationalen, sozialen und bildungspolitischen Kontexts ist eng verknüpft mit den nationalen Curricula oder, wie in Deutschland, nationalen Bildungsstandards, die einen Konsens darüber darstellen, welche Kompetenzen eine Gesellschaft von Schülerinnen und Schülern am Ende einer Jahrgangsstufe mindestens erwartet. Das intendierte Curriculum kann detailliert in der sogenannten TIMSS 2011-Enzyklopädie nachgelesen werden, die für jedes teilnehmende Bildungssystem ein entsprechendes Kapitel enthält (Mullis, Martin, Minnich, Stanco et al. 2012). Das implementierte Curriculum transportiert diese Kompetenzen von der Ebene des Bildungssystems hinein in die Schule, zu den Lehrkräften bzw. in das Klassenzimmer. Dort zeigt sich auf der Ebene der Schülerinnen und Schüler das sogenannte erreichte Curriculum anhand der schriftlichen Leistungstests und Schülerfragebogen (Mullis et al. 2009). Das Curriculum ist also in der TIMSS-Testkonzeption der Kern, der diese organisiert und aus dem die Frage abgeleitet wird, inwieweit Schülerinnen und Schüler in ihrem jeweiligen Bildungskontext bestimmte Lerngelegenheiten bekommen und wie sie diese nutzen.

Das in IGLU zugrunde gelegte Rahmenmodell der Bedingungen schulischer Leistungen ist zunächst komplexer als das Curriculum-Modell in TIMSS. Das Modell ist stark von den Schülerinnen und Schülern her gedacht, die mit ihren individuellen Lernvoraussetzungen und Lernprozessen im Zentrum stehen. Diese Voraussetzungen und Prozesse stehen in unmittelbarem Zusammenhang mit ihren Leistungsergebnissen. Ferner werden schulinterne Rahmenbedingungen für den Erwerb der Lesekompetenz modelliert, dazu gehören Lehrkräfte, Klassen und Unterricht. Aus dem Modell geht hervor, dass diese schulinternen Rahmenbedingungen Faktoren sind, die konzeptuell näher an den Leistungsergebnissen der Schülerinnen und Schüler liegen als etwa außerschulische und familiäre Merkmale, wie der sozioökonomische Hintergrund der Kinder (Tarelli et al. 2012). Auch institutionelle Merkmale, z. B. bildungspolitische oder äußere schulische Rahmenbedingungen werden einbezogen; diese haben ihrerseits Einfluss auf die schulinternen Bedingungen des Kompetenzerwerbs. Zur Einbettung der Leistungsergebnisse existiert wie in TIMSS auch für IGLU eine umfassende Enzyklopädie, welche die internationale Berichterstattung der Leistungsergebnisse ergänzt (Mullis, Martin, Minnich, Drucker et al. 2012).

Die theoretische Rahmenkonzeption für TIMSS unterscheidet zur Erfassung mathematischer Kompetenz einerseits Inhaltsbereiche und andererseits kognitive An-

2.3 IGLU: *Internationale Grundschul-Lese-Untersuchung* (engl. PIRLS)

forderungen (vgl. Abschnitt 2.2.1). Die Konzeption greift für die vierte Jahrgangsstufe drei Inhaltsbereiche auf, die anhand der Testaufgaben erfasst werden sollen: Arithmetik, Geometrie/Messen sowie Umgang mit Daten (Selter et al. 2012). Da diese drei Inhaltsbereiche jedoch an sich sehr umfangreich sind, werden sie jeweils in mehrere Teilgebiete gegliedert. Zu Arithmetik gehören etwa die Teilgebiete *Natürliche Zahlen, Brüche und Dezimalzahlen* oder *Muster und Beziehungen*. Im Bereich Geometrie/Messen sollen die Schülerinnen und Schüler mit *Punkten, Geraden und Winkeln* sowie mit *zwei- und dreidimensionalen Figuren* umgehen. Zum Umgang mit Daten sind die Teilgebiete *Daten lesen und interpretieren* sowie *Ordnen und Darstellen* zu rechnen. Die kognitiven Anforderungen, die als zweite Dimension neben den Inhaltsbereichen Teil der mathematischen Kompetenz in TIMSS sind, werden als Reproduzieren, Anwenden und Problemlösen bezeichnet. Dabei ist das Reproduzieren der kognitiv am wenigsten anspruchsvolle Bereich, während Anwenden und Problemlösen jeweils höhere kognitive Anforderungen stellen (Mullis et al. 2009). Kognitive Aktivitäten des Anforderungsbereichs *Reproduzieren* sind beispielsweise das Abrufen von Standardwissen, rechnen, Informationen ablesen oder messen. Im Bereich *Anwenden* sollen die Schülerinnen und Schüler u. a. Informationen darstellen, mathematische Operationen ausführen oder auch mathematische Modelle aufstellen. Die anspruchsvollsten kognitiven Aktivitäten werden im Bereich Problemlösen verlangt, wie etwa das Erkennen mathematischer Beziehungen, das Formulieren von Begründungen oder Verallgemeinerungen und Spezialisierungen (Selter et al. 2012). Dieses Verständnis von mathematischer Kompetenz ist zwar nicht vollständig (Selter et al. 2012), jedoch in weiten Teilen mit den Bildungsstandards der KMK im Fach Mathematik für den Primarbereich vereinbar (KMK 2004b).

Die Leistungstests, die in IGLU zum Einsatz kommen, sollen das Leseverständnis der Schülerinnen und Schüler ermitteln. Ein Vergleich des Leistungsstandes in verschiedenen Teilnehmerstaaten ermöglicht ein Benchmarking, d. h. eine systematische Betrachtung von Gemeinsamkeiten und Unterschieden, sowie die Identifikation relativer Stärken und Schwächen. Alle drei bisherigen IGLU-Erhebungsrunden basieren auf einer identischen Rahmenkonzeption (Bremerich-Vos et al. 2012). Die IGLU-Rahmenkonzeption sieht Lesekompetenz ähnlich wie PISA dem angelsächsischen *Literacy*-Konzept verpflichtet. Ein ausführlicher Vergleich der Konzepte der Lesekompetenz findet sich bei Artelt, Drechsel, Bos und Stubbe (2008). Die Lesekompetenz, wie sie in IGLU definiert wird, ist neben dem Bezug zur *Literacy*-Tradition auch mit den Bildungsstandards der KMK im Fach Deutsch für den Primarbereich vereinbar (KMK 2005). Die Bildungsstandards sehen vier Bereiche der grundlegenden sprachlich-literarischen Bildung vor: Sprechen und Zuhören, Schreiben, Lesen sowie Sprache und Sprachgebrauch. Das IGLU-Modell der Lesekompetenz unterscheidet die oben genannten drei Bereiche, von denen zwei in Form von Leistungstests und einer durch einen Schülerfragebogen erfasst werden. Erstens wird ein Text mit einer bestimmten *Leseintention* gelesen. Dabei wird unterschieden, ob ein literarischer Text oder ein informativer Sachtext gelesen wird. Zweitens geht es um das *Verstehen der Informationen* eines Textes, wobei damit sowohl explizit im Text enthaltene Informationen als auch vorwissensbasierte Verstehensleistungen gemeint sind. Drittens gehört zur Lesekompetenz auch eine Reihe von Aspekten des Leseverhaltens sowie Einstellungen zum Lesen (Bremerich-Vos et al. 2012). Lesekompetenz wird in IGLU in vier sogenannte Verstehensprozesse überführt, die unterschiedlich schwierig sind. Dazu wird die Lesekompetenz zunächst aufgespalten in die Nutzung von im Text enthaltener Information sowie die Nutzung externen Wissens. Information innerhalb der Texte kann wiederum in Form von zwei Aspekten verarbeitet werden: entweder indem unabhängige Einzelinformationen gefunden und genutzt werden oder indem Beziehungen zwischen verschiedenen Textteilen hergestellt werden. Auch das externe Wissen, das von den Schülerinnen und Schülern beim Lesen herangezogen wird, kann auf zwei Wegen genutzt werden: entweder, indem über Inhalte oder, indem über Strukturen reflektiert wird. Die Nutzung unabhängiger Einzelinformationen entspricht dabei dem Lokalisieren explizit angegebener Informationen und ist der am wenigsten anspruchsvolle Verstehensprozess. Wenn Schülerinnen und Schüler Beziehungen zwischen Textteilen herstellen, ziehen sie einfache Schlussfolgerungen (zweiter, etwas schwierigerer Verstehensprozess). Der dritte Verstehensprozess, komplexe Schlussfolgerungen ziehen, erfordert das Kombinieren und Interpretieren von Information und gehört zur Reflektion über Textinhalte. Der vierte und anspruchsvollste Verstehensprozess bedeutet, über Strukturen zu reflektieren und damit sowohl den Inhalt als auch den Sprachgebrauch in einem Text zu prüfen und zu bewerten (Bremerich-Vos et al. 2012). Neben diesen international vergleichenden Schulleistungsstudien werden derzeit deutschlandweit drei landesweite Untersuchungen mit einem Schwerpunkt auf Kompetenzentwicklung durchgeführt. Der IQB-Ländervergleich zur Überprüfung der Bildungsstandards, VERA sowie NEPS. Diese drei Studien werden in den folgenden Abschnitten beschrieben.

2.4 IQB-Ländervergleich zur Überprüfung der Bildungsstandards

Das Institut zur Qualitätsentwicklung im Bildungswesen (IQB) wurde im Jahr 2004 als wissenschaftliches Institut an der Humboldt-Universität zu Berlin gegründet. Die Gründung geht auf einen Beschluss der Kultusministerkonferenz (KMK) zurück, der nach dem ernüchternden Abschneiden der Schülerinnen und Schüler in Deutschland sowohl bei TIMSS 1995 (Baumert et al. 2000; Baumert et al. 1997) als auch bei PISA 2000 (Baumert et al. 2001) im Hinblick auf eine Gesamtstrategie zum Bildungsmonitoring gefasst wurde (KMK 2006). Zu dieser Gesamtstrategie gehören mehrere Maßnahmen zu Qualitätssicherung und -entwicklung im Bildungswesen, von denen eine besonders wichtige die Einführung und regelmäßige Überprüfung nationaler Bildungsstandards ist. Bereits im Jahr 1997 wurde als Reaktion auf die Befunde aus TIMSS mit dem Konstanzer Beschluss die Sicherung der Qualität schulischer Bildung als langfristiges Ziel ausgegeben (KMK 1997).

Eines der zentralen Erkenntnisse aus TIMSS und PISA waren neben dem im internationalen Vergleich enttäuschend niedrigen mittleren Kompetenzniveau deut-

2.4 IQB-Ländervergleich zur Überprüfung der Bildungsstandards

scher Schülerinnen und Schüler auch die enormen Ungleichheiten, die sich teilweise innerhalb Deutschlands im Vergleich von Bundesländern, aber auch zwischen Gruppen von Schülerinnen und Schülern zeigten (Baumert et al. 2002; Baumert et al. 2003). Große Abstände im mittleren Leistungsniveau zwischen den Bundesländern gaben ebenso Anlass zur Sorge wie das deutlich schwächere Abschneiden von Schülerinnen und Schülern mit Zuwanderungshintergrund im Vergleich zu ihren Klassenkameraden oder der starke Zusammenhang zwischen sozialer Herkunft und der Kompetenzstufe im PISA-Test. Die Entscheidung, nationale Bildungsstandards zu entwickeln und diese regelmäßig zu überprüfen, zielte auf die Schaffung einer gemeinsamen, länderübergreifenden Grundlage der Qualitätsentwicklung und des Bildungsmonitorings ab (Pant, Stanat, Pöhlmann et al. 2013).

Die ersten nationalen Bildungsstandards in Deutschland wurden in den Jahren 2003 und 2004 eingeführt (vgl. etwa KMK 2003; KMK 2004a). Im Einzelnen abgedeckt werden sollen bestimmte Kernfächer sowie Schulabschlüsse, so dass die Bildungsstandards letztlich die Frage beantworten, was Schülerinnen und Schüler zum Zeitpunkt des Erwerbs eines bestimmten Schulabschlusses in Bezug auf diese Kernfächer wissen und können. Das IQB führt seit 2009 in Ergänzung zu den international vergleichenden Bildungsstudien die Ländervergleiche zur Überprüfung der Bildungsstandards in Deutschland durch.

Beim IQB-Ländervergleich besteht ein Zyklus der Studie aus zwei Erhebungsrunden je untersuchter Schulstufe. Auf der Primarstufe erfolgt alle fünf Jahre ein Ländervergleich (Stanat et al. 2012b), auf der Sekundarstufe wie bei PISA alle drei Jahre (Pant, Stanat, Schroeders et al. 2013). Im Wechsel werden dabei die Fächergruppen Sprache (Deutsch, Englisch, Französisch) sowie Mathematik und Naturwissenschaften überprüft. Die erste Erhebungsrunde des Ländervergleichs mit dem Schwerpunkt Sprachen fand 2008/2009 auf der Sekundarstufe I (Jahrgangsstufe 9) statt. Rund 40.000 Schülerinnen und Schüler an 1500 zufällig ausgewählten allgemeinbildenden Schulen nahmen mit ihrer Klasse an diesem ersten Ländervergleich zur Überprüfung der Bildungsstandards teil (Köller et al. 2010). Die zweite Erhebungsrunde des Ländervergleichs im Jahr 2011 fand an Grund- und Förderschulen statt. 27.000 Viertklässlerinnen und Viertklässler an mehr als 1300 Schulen bearbeiteten mit ihrer Klasse die Testaufgaben zu den Fächern Deutsch und Mathematik (Stanat et al. 2012a). Mit dem Ländervergleich 2012, der im selben Zeitraum wie die PISA-Studie 2012 stattfand, erfolgte die zweite Erhebungsrunde auf der Sekundarstufe I. Damit ist für diese Kohorte der erste Ländervergleichs-Zyklus abgeschlossen und mit der nächsten Erhebungsrunde im Jahr 2015 zum Kompetenzbereich Sprachen werden erste Trendanalysen möglich sein (Pant, Stanat, Pöhlmann et al. 2013). Alle an PISA 2012 beteiligten Schulen führten an einem separaten Testtag auch den Ländervergleich 2012 durch, wobei die PISA-Schulstichprobe von ca. 230 Schulen eine Teilmenge der Ländervergleichsstichprobe mit rund 1300 Schulen bildete. Pro Schule bearbeiteten eine bis zwei vollständige Klassen die Aufgaben des Ländervergleichs (Pant, Stanat, Schroeders et al. 2013).

Die Aufgaben, die zur Erfassung der in den Bildungsstandards definierten Kompetenzen eingesetzt werden, werden vorab von einer Gruppe erfahrener Lehrkräfte aus dem gesamten Bundesgebiet entworfen. In Zusammenarbeit mit dem IQB und den dort tätigen Wissenschaftlerinnen und Wissenschaftlern aus den entsprechenden Fachdidaktiken der getesteten Kompetenzbereiche sowie Bildungsforschung und Psychologie werden die Aufgaben durch mehrere Entwurfsstadien hindurch stetig weiterentwickelt. Im Verlauf dieses Prozesses erfolgen sprachliche Überprüfungen sowie fachdidaktische und psychometrische Beurteilungen der Aufgabenqualität, ehe die Testaufgaben in mehreren Vorstudien mit Schülerinnen und Schülern erprobt werden. Nur Aufgaben, die sich in diesen Vorstudien bewährt hatten, kommen schlussendlich im Ländervergleich zum Einsatz.

Die im Rahmen des Ländervergleichs erfassten Kontextmerkmale der Schülerinnen und Schüler sowie ihres schulischen Umfeldes werden über drei Fragebögen erhoben: Einen Schülerfragebogen sowie einen für Lehrkräfte und einen für Schulleitungen (Siegle et al. 2013).

2.4.1 Kompetenzbegriff im IQB-Ländervergleich

Der IQB-Ländervergleich begreift die länderübergreifenden Bildungsstandards in Deutschland in Anlehnung an die sogenannte Klieme-Expertise (Klieme et al. 2007) als Kompetenzerwartungen. Damit ist gemeint, dass die in den Bildungsstandards formulierten Kompetenzen als Bildungsergebnisse zu einem bestimmten Zeitpunkt (etwa zum Mittleren Schulabschluss, MSA) von möglichst jedem Schüler und jeder Schülerin beherrscht werden. Dies entspricht dem Bildungsauftrag allgemeinbildender Schulen (Klieme et al. 2007). Konkret werden die hinter den Bildungsstandards angenommenen Kompetenzen der Schülerinnen und Schüler als kontextspezifische, aber auch erlernbare Leistungsdispositionen verstanden, mit denen Fragestellungen eines jeweils spezifischen Inhaltsbereiches gelöst werden können (Koeppen et al. 2008; Pant, Stanat, Pöhlmann et al. 2013). Die Messung von Kompetenzen geschieht dadurch, dass überprüft wird, ob die Bildungsstandards erreicht werden. Das entspricht demnach der Konkretisierung in Form von Aufgaben zu bestimmten Fachgebieten, zu deren Lösung vorab bestimmte Kompetenzen benötigt werden. Schülerinnen und Schüler, die über die jeweilige Kompetenz verfügen, können die entsprechenden Aufgaben mit einer bestimmten Wahrscheinlichkeit lösen. In diesem Sinne drücken die Bildungsstandards, die für die Kernfächer vorliegen, die angestrebten Lernergebnisse als Könnensbeschreibungen (Pant, Stanat, Pöhlmann et al. 2013) aus. Da die Bildungsstandards der Kultusministerkonferenz für Deutschland eine länderübergreifende und verbindliche Orientierung bieten sollen, wurden sie gezielt mit Blick auf Evaluationsprozesse entwickelt und formuliert. Exemplarisch sei hier für das Fach Mathematik die Struktur der Kompetenz auf dem Niveau des Hauptschulabschlusses (HSA) sowie des Mittleren Schulabschlusses (MSA) beschrieben.

Mathematische Kompetenz wurde zuletzt im IQB-Ländervergleich 2012 umfassend überprüft. Ähnlich wie in PISA und TIMSS wird mathematische Kompetenz als mehrdimensionales Konstrukt aufgefasst. Dabei werden drei Dimensionen un-

2.4 IQB-Ländervergleich zur Überprüfung der Bildungsstandards

terschieden: Inhalt, Prozess und Anspruch. Diese drei Dimensionen werden weiter differenziert. So sind der Inhaltsdimension fünf sogenannte Leitideen zugewiesen, die als inhaltsbezogene Kompetenzen gelten können. Der Prozessdimension werden sechs allgemeine mathematische Kompetenzen untergeordnet, während die Anspruchsdimension drei Anforderungsbereiche unterscheidet. Diese drei Dimensionen erlauben die Verortung der Mathematikaufgaben in einem dreidimensionalen Raum, der aus Inhalten, Prozessen und einem Anforderungsniveau besteht.

Die *Inhaltsdimension* mathematischer Kompetenz im Rahmen der Bildungsstandards wird durch fünf Leitideen strukturiert (Roppelt et al. 2013). Diese Leitideen werden bezeichnet als Zahl, Messen, Raum und Form, funktionaler Zusammenhang sowie Daten und Zufall (KMK 2003). Unter der Leitidee *Zahl* werden alle Aspekte zusammengefasst, die mit Quantität zu tun haben. Das bedeutet, dass die Schülerinnen und Schüler Zahlen dazu verwenden, Situationen zu strukturieren und zu beschreiben. Die Leitidee *Messen* beschreibt den Umgang mit Größen, etwa Winkeln, Längen, Flächeninhalten oder Volumina. Die dritte Leitidee, Raum und Form, umfasst das Fachgebiet der Geometrie und damit alle Arten ebener und räumlicher Konfigurationen, Gestalten oder Muster (Roppelt et al. 2013). *Funktionaler Zusammenhang* als vierte Leitidee entspricht dem mathematischen Stoffgebiet der Algebra und beinhaltet funktionale bzw. relationale Beziehungen zwischen mathematischen Objekten. Beispiele dafür sind Terme, Gleichungen und Funktionen (Roppelt et al. 2013). Die fünfte Leitidee, *Daten und Zufall*, wird weitgehend durch das mathematische Stoffgebiet der Stochastik abgedeckt. Statistik und Wahrscheinlichkeitsrechnung sind hier zentral.

Die *Prozessdimension* wird dargestellt durch sechs allgemeine mathematische Kompetenzen, die verschiedene kognitive Prozesse in allen definierten Inhaltsbereichen (Leitideen) vorsehen. Die Übergänge zwischen den einzelnen Prozessen sind dabei fließend, zumal auch die meisten mathematischen Tätigkeiten mehrere allgemeine Kompetenzen zugleich ansprechen (Roppelt et al. 2013). Die erste Kompetenz, die im Rahmen der Bildungsstandards Mathematik für die Sekundarstufe I definiert wird, ist das mathematische Argumentieren. Weiterhin gehören sowohl das Verstehen gegebener Argumentationen als auch das Entwickeln eigener situationsangemessener mathematischer Argumentationen dazu.

Die dritte Dimension, *Anspruch*, unterscheidet schließlich drei aufeinander aufbauende Anforderungsniveaus bei der Beschreibung mathematischer Kompetenz. Der am wenigsten anspruchsvolle Anforderungsbereich, Reproduzieren, verlangt von den Schülerinnen und Schülern die Wiedergabe sowie die direkte Anwendung grundlegender Begriffe, Verfahren oder Annahmen in einem abgegrenzten Gebiet und in bekannten Zusammenhängen (KMK 2003). Es geht dabei also um Routinen, die häufig auch mit alltäglichem Wissen und Bezug gezeigt werden sollen. Das zweite Anforderungsniveau, Zusammenhänge herstellen, geht darüber hinaus und stellt die Verknüpfung mathematischer Kenntnisse, Fertigkeiten und Fähigkeiten in den Mittelpunkt. Auch hier handelt es sich im Wesentlichen um den Umgang mit bekannten Sachverhalten. Das höchste Anforderungsniveau schließlich, Verallgemeinern und Reflektieren, verlangt die Bearbeitung komplexer Sachverhalte. Die Schülerinnen und Schüler sollen dabei auch eigene Problemstellungen formulieren können sowie Lösungen, Begründungen oder Schlussfolgerungen ziehen können. Auch das Abwägen verschiedener Argumente gehört hierzu. Die sechs allgemeinen mathematischen Kompetenzen werden anhand dieser drei Anforderungsbereiche differenziert, so dass jede der Kompetenzen in verschiedenen Ausprägungen beschreibbar wird. Ein Schüler, der lediglich das erste Anforderungsniveau bewältigt, ist dabei weniger kompetent als ein Schüler, der Aufgaben auf Niveau 2 oder 3 lösen kann.

Im Gegensatz zum funktionalen Verständnis mathematischer Grundbildung, wie es etwa im *Literacy*-Begriff in PISA angenommen wird (OECD 2013a; Sälzer, Reiss et al. 2013), zielt das Konstrukt der Mathematikkompetenz im Sinne der Bildungsstandards explizit auch auf die Bearbeitung innermathematischer Problemstellungen ab (Roppelt et al. 2013). Der Unterschied liegt damit beispielsweise darin, dass in PISA ein wesentliches Element mathematischer Kompetenz die Übersetzung eines alltäglichen Problems in die Sprache der Mathematik und zurück ist (Sälzer, Reiss et al. 2013), während bei den Bildungsstandards auch Aufgaben gestellt werden, die rein mathematisch und nicht in einer alltäglichen Situation angesiedelt sind.

2.4.2 Design und Testkonzeption des IQB-Ländervergleichs

Der Ländervergleich zur Überprüfung der Bildungsstandards ist als Querschnittsstudie angelegt, bei der die teilnehmende Kohorte genau einmal getestet wird. Damit bundesweit und folglich länderübergreifend gültige Skalen bestimmt werden konnten, auf denen sich die Schülerinnen und Schüler entsprechend ihrer Fähigkeiten sowie die Testaufgaben mit ihrer jeweiligen Schwierigkeit verorten lassen, wurden auf der Basis national repräsentativer Stichproben der 9. und 10. Jahrgangsstufen Kalibrierungs- bzw. Normierungsstudien durchgeführt (Pant, Böhme et al. 2013). Darunter versteht man, dass vor der Durchführung des Ländervergleichs die dafür geplanten Aufgaben von Schülerinnen und Schülern bearbeitet und deren Antworten für eine Schätzung der Itemparameter (Schwierigkeit der Aufgaben) verwendet wurden. Auf diese Weise konnten beispielsweise Aufgaben identifiziert werden, die den statistischen oder psychometrischen Gütekriterien nicht entsprachen. Solche Aufgaben werden in der Regel entweder aus dem Test genommen oder, wo ein Grund für die unzureichende Qualität zu erkennen ist, entsprechend verändert.

Am aktuell letzten Ländervergleich nahmen knapp 45.000 Schülerinnen und Schüler teil, die in die auf Bundeslandebene repräsentativen Stichproben gezogen worden waren (Siegle et al. 2013). Die Schüler besuchten zum Erhebungszeitpunkt im Frühjahr 2012 die 9. Jahrgangsstufe. Damit war in Deutschland die Verknüpfung des Ländervergleichs mit der etwa zeitgleich stattfindenden PISA-Studie möglich, in deren Rahmen auch 2012 neben der international vorgegebenen Stichprobe fünfzehnjähriger Schülerinnen und Schüler auch pro gezogener Schule zwei vollständige neunte Klassen teilnahmen. Bis einschließlich PISA 2006 wurde PISA sowohl international (PISA-I) als auch national für den Bundesländervergleich (PISA-E) durchgeführt, ehe mit PISA 2009 eine Trennung beider Studien er-

2.4 IQB-Ländervergleich zur Überprüfung der Bildungsstandards

folgte und PISA sich ausschließlich auf den internationalen Vergleich des deutschen Bildungssystems (ohne Bundesländervergleich) konzentriert, während der IQB-Ländervergleich sich der innerdeutschen Gegenüberstellung durchschnittlicher Schülerkompetenzen widmet.

Ähnlich wie PISA, TIMSS oder IGLU funktioniert die Messung und Abbildung von Kompetenzen im IQB-Ländervergleich nicht über eine individuelle Leistungsdiagnostik, sondern über die länderübergreifende und ländervergleichende Aggregation der Daten. Dazu soll die untersuchte Stichprobe die Population der Schülerinnen und Schüler der 9. Jahrgangsstufe möglichst genau repräsentieren. Jugendliche, die eine 9. Jahrgangsstufe besuchen, können sich in Deutschland in mehreren Schulformen der Sekundarstufe I befinden. Je nachdem, in welchem Bundesland sie zur Schule gehen, stehen unterschiedliche und auch unterschiedlich viele Schulformen zur Wahl. Das Gymnasium ist die einzige Schulform, die in allen 16 Bundesländern existiert und eine gemeinsame Geschichte hat. Allerdings variiert die Bildungsbeteiligung über die Länder (von 31 Prozent in Bayern bis 43 Prozent in Hamburg) deutlich (Siegle et al. 2013). Sowohl in PISA als auch im Ländervergleich werden die zahlreichen vorliegenden Schulformen der Sekundarstufe I üblicherweise auf sechs (bzw. sieben in PISA, wo die beruflichen Schulen mit zur Schulpopulation gehören) Schulformen verdichtet: Hauptschulen, Schulen mit mehreren Bildungsgängen, Realschulen, Integrierte Gesamtschulen, Gymnasien sowie Förderschulen (vgl. etwa Sälzer und Prenzel 2013; Siegle et al. 2013). Zum Zeitpunkt von PISA 2012 bzw. dem Ländervergleich 2012 existierte in der sogenannten Fachserie 11 des Statistischen Bundesamtes (Statistisches Bundesamt 2012), die als Grundlage für die Bestimmung der Zielpopulation herangezogen wurde, die Schulform Hauptschule, wobei diese Schulart in einigen Bundesländern einer Reform unterzogen wurde und teilweise bereits anders hieß (etwa die Mittelschulen in Bayern). Die Ziehung der stratifizierten Stichprobe erfolgte in drei Schichten, nämlich Förderschulen, Gymnasien und einer dritten Schicht für alle übrigen Schularten (Siegle et al. 2013). Diese drei expliziten Schichten waren auf alle Bundesländer anwendbar und konnten auch bei einer Reform der Schulstruktur erhalten bleiben. Innerhalb der drei expliziten Schichten wurde eine vorab festgelegte Zahl von Schulen gezogen. Innerhalb der dritten expliziten Schicht wurden die Schulen in jedem Bundesland nach Schulform sortiert (implizite Schichtung), sodass sichergestellt werden konnte, dass alle in einem Bundesland vorliegenden Schulformen in die Stichprobe gelangen. In absoluten Zahlen umfasste die Zielpopulation des IQB-Ländervergleichs 2012 insgesamt 859.923 Neuntklässlerinnen und Neuntklässler (Siegle et al. 2013), während die Zielpopulation der Fünfzehnjährigen in PISA 2012 aus 798.136 Jugendlichen bestand (Sälzer und Prenzel 2013).

Wie in zahlreichen Large-Scale-Assessments üblich, setzt auch der IQB-Ländervergleich zur Überprüfung der Bildungsstandards ein sogenanntes Multi-Matrix-Design ein. Da im IQB-Ländervergleich stets mehrere Kompetenzbereiche erfasst werden (2012 zuletzt Mathematik und Naturwissenschaften mit jeweils mehreren Unterbereichen), kann ein einzelner Schüler oder eine einzelne Schülerin in einer einzigen Testsitzung nicht ausreichend viele Aufgaben aus allen erfassten Kompetenzbereichen bearbeiten. Durch *Multi-Matrix-Sampling* (Gonzalez und Rutkowski 2010) werden die einzelnen Aufgaben innerhalb des jeweiligen Kompetenzbereichs gruppiert und damit zu Clustern verbunden, die als Bausteine zu Testheften zusammengefügt werden. So erhält jeder Studienteilnehmer eine Teilmenge aller eingesetzten Aufgaben, die vorab in verschiedenen Testheften zusammengestellt worden sind. Durch eine optimale Zusammenstellung dieser unterschiedlichen Testhefte wird eine zuverlässige Schätzung der Schülerkompetenzen in allen erhobenen Kompetenzbereichen ermöglicht (Siegle et al. 2013). Die Aufgabenblöcke werden dabei so gebildet, dass drei aufeinander folgende Cluster von mindestens 90 Prozent der Schülerinnen und Schüler in 60 Minuten vollständig bearbeitet werden können. Im Ländervergleich 2012 kam ein sogenanntes *Youden-Square-Design* zum Einsatz, nach dem jedes Cluster mit jedem anderen Cluster in genau einem Testheft vorkam und jeder Block an jeder Position im Testheft genau einmal auftrat (vgl. Frey et al. 2009; Siegle et al. 2013). Dieses Design ist benannt nach dem Statistiker William Youden, der im Zusammenhang mit Untersuchungen zur Verbreitung eines Virus bei Tabakpflanzen ein unvollständiges Block-Design einsetzte (Youden 1937). In diesem Kontext wurde die Anbaufläche eines Tabakfeldes in Quadrate unterteilt, innerhalb derer unterschiedliche Treatments verabreicht wurden. Da im Ländervergleich 2012 zwei umfassende Kompetenzbereiche erhoben wurden, Mathematik und Naturwissenschaften, wurden zunächst zwei separate Youden-Squares mit jeweils 31 Aufgabenblöcken in 31 Testheften erstellt (Siegle et al. 2013). Damit die beiden Kompetenzbereiche nicht nur separat erfasst, sondern auch miteinander in Zusammenhang gebracht werden können, wurden jeweils 12 Aufgabenblöcke in acht Testheften kombiniert und so eine teilweise Überschneidung erreicht. Insgesamt kamen im IQB-Ländervergleich 2012 70 Testhefte für Regelschülerinnen und Regelschüler sowie 11 Testhefte für Schülerinnen und Schüler mit sonderpädagogischem Förderbedarf zum Einsatz.

Neben den beschriebenen Kompetenztests werden im IQB-Ländervergleich auch mehrere Kontextfragebögen administriert. Auf der Grundlage der Angaben von Schülerinnen und Schülern, Lehrkräften und Schulleitern sind detaillierte Analysen zu verschiedenen Themen möglich. Beispielsweise können Unterschiede zwischen Mädchen und Jungen, soziale oder zuwanderungsbedingte Disparitäten oder auch Zusammenhänge mit bestimmten Kontextbedingungen oder Einstellungen untersucht werden. Der Fragebogen für Schülerinnen und Schüler im IQB-Ländervergleich 2012 wurde ebenso wie die Testhefte in einem rotierten Design ausgegeben, konkret in acht unterschiedlichen Versionen (Siegle et al. 2013). Dabei enthielten alle acht Versionen zunächst ein gemeinsames Set an zentralen Fragen, das allen Schülerinnen und Schülern vorgelegt wurde. Dazu zählen unter anderem Angaben zum sozio-ökonomischen Hintergrund der Familie oder zum Zuwanderungshintergrund. Anschließend an dieses gemeinsame Fragenset erhielten die Schülerinnen und Schüler eine von acht Versionen, wobei innerhalb einer gezogenen Schulklasse jeweils nur eine Version verwendet wurde. So bearbeitete jeweils die ganze Klasse einen identischen Fragebogen, wobei die Zuweisung der Version zu einer Klasse durch Zufall erfolgte. Unterschiedliche Klassen bearbeiteten also unterschiedliche Themen, so dass die entsprechenden Analysen im Bericht zum

IQB-Ländervergleich jeweils auf einer Teilstichprobe beruhen (etwa zum Thema Testmotivation oder fachspezifisches Selbstkonzept, vgl. Jansen et al. 2013).

Alle Lehrkräfte, die in den an einem Ländervergleich teilnehmenden Klassen die jeweils untersuchten Schulfächer unterrichten, haben die Möglichkeit einen Lehrerfragebogen auszufüllen. Im zuletzt durchgeführten Ländervergleich 2012 waren dies die Fächer Mathematik, Chemie, Biologie oder Physik. Damit variierte die Zahl der infrage kommenden Lehrkräfte je nach Schule abhängig von den unterrichteten Klassen und Fächerkombinationen (Siegle et al. 2013). Für die Lehrkräfte wird also keine Population definiert und demnach auch keine Stichprobe gezogen. Das Hauptanliegen des Lehrerfragebogens war, Angaben über relevante Rahmenbedingungen schulischer Bildungsprozesse zu erhalten. Anhand dieser Einschätzungen durch die Lehrkräfte können etwa Aspekte des Unterrichts, aber auch berufliche Qualifikationen, Berufserfahrung oder kollegiale Zusammenarbeit beschrieben werden. An jeder teilnehmenden Schule wurde zusätzlich die Schulleitung gebeten, einen Fragebogen zu den schulischen Rahmenbedingungen auszufüllen. Inhalte des Schulleiterfragebogens waren unter anderem Schülerzahl, Trägerschaft, Schulprofil oder auch Lehr- und Betreuungsangebot der Schule.

2.5 VERA: Vergleichsarbeiten in der Schule

Die mit VERA bezeichneten flächendeckenden Vergleichsarbeiten tragen der oben beschriebenen Säule 3 der Gesamtstrategie der KMK zum Bildungsmonitoring Rechnung. Im Gegensatz zu den bisher beschriebenen Studien kann VERA selbst allerdings nicht als Bildungsmonitoring bezeichnet werden (Prenzel und Seidel 2010). Ein Bildungsmonitoring setzt voraus, dass ein Kompetenzbegriff definiert und operationalisiert wird, der anhand von umfassend entwickelten Testaufgaben als zuverlässigen Leistungsindikatoren gemessen werden kann. Die standardisierte Erhebung solcher Daten durch geschulte Testleiterinnen und Testleiter sowie die anschließende Auswertung der Daten durch Expertengruppen ist ein weiteres Merkmal eines Bildungsmonitorings. Bei VERA hingegen geht es um Testaufgaben, anhand derer den Lehrkräften eine Rückmeldung über den Leistungsstand ihrer Schülerinnen und Schüler in den Fächern Deutsch und Mathematik gegeben wird (Isaac et al. 2006). Eine geeignete Bezeichnung für VERA ist demnach beispielsweise Lernstandserhebung oder Diagnoseinstrument. In einigen Bundesländern werden die VERA-Tests nicht als Vergleichsarbeiten, sondern mit anderen Begriffen bezeichnet, z. B. mit „KERMIT – Kompetenzen ermitteln" (Hamburg) oder Kompetenztests (Sachsen und Thüringen). Ergänzend hat die KMK in einer Vereinbarung zur Weiterentwicklung von VERA (KMK 2012b) erneut betont, dass die Hauptfunktion der Vergleichsarbeiten im Bereich der Schul- und Unterrichtsentwicklung liegt und dass sie eine Grundlage für Notengebung oder eine Prognose des schulischen Erfolgs darstellen können.

Die Durchführung von VERA erfolgt unter der Zuständigkeit der Länder. Einzelne Aspekte obliegen jedoch dem IQB in Berlin, welches auch den Ländervergleich zur Überprüfung der Bildungsstandards verantwortet. Dazu gehören beispielsweise die Aufgabenentwicklung und deren Pilotierung sowie die Bestimmung der Aufgabenschwierigkeiten (Skalierung), die Zusammenstellung der Testhefte sowie die Erarbeitung didaktischer Materialien. Auf Seiten der Länder liegt die Zuständigkeit bei den Landesinstituten, Qualitätsagenturen oder den zuständigen Fachabteilungen der Ministerien. Diese kümmern sich unter anderem um den Druck und die Verteilung der Testhefte, die Testdurchführung sowie die Auswertung und die Rückmeldungen an die Schulen.

VERA wird in zwei Klassenstufen durchgeführt, 3 und 8, und entsprechend VERA-3 und VERA-8 genannt. Wichtigstes Ziel von VERA ist die Initiierung von Unterrichtsentwicklung (Isaac et al. 2006). Im Rahmen von VERA werden unter Bezug auf die Kompetenzbereiche der beiden untersuchten Schulfächer Deutsch und Mathematik verschiedene Teilleistungsbereiche untersucht. Gemessen werden die Leistungen der Schülerinnen und Schüler ähnlich wie beim IQB-Ländervergleich an den Bildungsstandards der KMK. Die Ergebnisse, die aus VERA entstehen, sind zweierlei: Erstens lassen sich Lösungshäufigkeiten auf Aufgabenebene bestimmen und zweitens können für die teilnehmenden Lerngruppen (in der Regel Schulklassen) Kompetenzniveaus definiert werden (Isaac et al. 2006). Solche fachspezifischen Rückmeldungen an die unterrichtenden Lehrkräfte sollen Impulse dafür geben, den Unterricht kompetenzorientiert weiterzuentwickeln. Eine große Herausforderung dabei ist, diese Rückmeldungen auf den eigenen Unterricht zu übertragen. Aus diesem Grund sind etwa die Beschreibungen der einzelnen Kompetenzniveaus möglichst nah am Unterricht gehalten (Isaac und Hosenfeld 2008). Außerdem stehen den Lehrkräften Unterstützungs- und Begleitmaterialien zur Verfügung, wie etwa eine Informationsbroschüre für Eltern, ein Leitfaden zur Unterrichtsentwicklung oder eine Handreichung zur Interpretation und Nutzung der Ergebnisse (Isaac 2013).

Im Gegensatz zu den weiteren hier beschriebenen Studien erfolgt die Lernstandserhebung bei VERA nicht anhand einer Stichprobe von Schülerinnen und Schülern, sondern in Form einer Vollerhebung aller Dritt- und Achtklässler an allgemeinbildenden Schulen in Deutschland. Weitere Unterschiede zu den bisher genannten Systemmonitoring-Studien bestehen beispielsweise in der Testdurchführung, die bei Bildungsmonitorings durch externe Testleiterinnen und Testleiter erfolgt, bei VERA jedoch durch die unterrichtenden Lehrkräfte. Auch die Auswertung findet dezentral durch die Lehrkräfte bzw. die jeweiligen Landesinstitute statt, während sie bei den Studien zum Systemmonitoring zentral durch die entsprechenden Wissenschaftlergruppen erfolgt. Für VERA ergibt sich daraus auch die Möglichkeit, neben sofortigen Rückmeldungen nach der Dateneingabe durch die Lehrkräfte eine differenziertere und innerhalb des Bundeslandes vergleichende Rückmeldung seitens der Landesinstitute nach einigen Wochen zu erhalten. Im Gegensatz zu VERA liegt bei den Studien zum Systemmonitoring zwischen der Datenerhebung und der Veröffentlichung beziehungsweise Rückmeldung der Ergebnisse ein Zeitraum von teilweise mehreren Jahren.

Anders als bei stichprobenbasierten Schulleistungsvergleichsstudien, deren Ergebnisse sich auf Aggregatebenen beziehen (etwa Staaten), liegt der Schwerpunkt der Leistungserfassung bei VERA auf der Ebene der Einzelschule sowie der Schulklasse (Diemer und Kuper 2011). In diesem Sinne kann die Lernstandserhebung, wie sie in VERA durchgeführt wird, als Teil der Strategie einer sogenannten „neuen Steuerung" bezeichnet werden (Bellmann 2006; Böttcher 2002). Unter dem Begriff der neuen Steuerung werden zumeist drei Strukturmerkmale gefasst: Standard-, Evidenz- sowie Outputorientierung. Hinter diesen Strukturmerkmalen stehen mehrere Prinzipien, etwa eine Dezentralisierung von Entscheidungen, die auch eine Erweiterung der Autonomie der Einzelschulen zum Ziel hat oder die Forderung, dass Entscheidungen grundsätzlich unter Bezug auf wissenschaftlich gewonnene empirische Befunde getroffen werden sollen (Diemer und Kuper 2011). Das Konzept der Lernstandserhebungen folgt diesen Prinzipien, indem diese Erhebungen das neue Steuerungsparadigma direkt an die Schulen sowie an Lehrkräfte herantragen. Entsprechend sollen an den Schulen die genannten Strukturmerkmale der Standard-, Evidenz- und Outputorientierung umgesetzt werden. In diesem Sinne sind die Lernstandserhebungen im Rahmen von VERA in erster Linie ein Testinstrument zur Erfassung von Schülerleistungen, deren Ergebnisse unmittelbar an die Schulen zurückgemeldet werden können (Kuper und Schneewind 2006). Sie werden erst dann zum Steuerungsinstrument, wenn sie im Schulsystem zu Steuerungszwecken genutzt werden. Dass gerade diese Nutzung jedoch stark von einzelnen Lehrkräften abhängt und daher nicht generell vorausgesetzt werden kann, zeigten beispielsweise Diemer und Kuper (2011) in einer Interviewstudie. Die Autoren fanden, dass die Annahme einer Outputorientierung bei der Einführung von Verfahren zentraler Leistungsmessung und Ergebnisrückmeldung keinesfalls allgemeingültig ist und demnach nicht davon ausgegangen werden kann, dass Lernstandserhebungen schlussendlich flächendeckend für outputorientierte Steuerungsprozesse in Schule und Unterricht genutzt werden. Auch hier zeigt sich ein grundlegender Unterschied zwischen Bildungsmonitoring und Lernstandserhebungen.

2.6 NEPS: Das Nationale Bildungspanel – *National Educational Panel Study*

Das Nationale Bildungspanel NEPS (auf Englisch: *National Educational Panel Study*) nimmt im Kontext der Schulleistungsstudien ebenso wie VERA eine Sonderrolle ein. Zum einen handelt es sich bei NEPS um die einzige längsschnittlich angelegte Studie der hier beschriebenen, d. h. die untersuchten Personen werden zu mehreren Zeitpunkten befragt. Darüber hinaus werden im Rahmen von NEPS mehrere Kohorten über eine längere Zeit untersucht, so dass man von einer Mehrkohorten-Längsschnittstudie sprechen kann. Zum anderen erfasst NEPS neben Kompetenzen von Schülerinnen und Schülern Bildungsverläufe über die gesamte Lebensspanne und hat dadurch einen wesentlich breiteren Fokus als die weiteren hier genannten Untersuchungen. Da jedoch die Bildung und damit die sowohl im institutionellen Rahmen als auch außerhalb erworbenen Fähigkeiten und Fertigkeiten von

Menschen in Deutschland eine zentrale Rolle einnehmen, sollte NEPS Teil des Überblicks über große Schulleistungsstudien in Deutschland sein.

NEPS ist die umfangreichste sozialwissenschaftliche Studie, die in Deutschland bisher durchgeführt wurde. Verteilt auf die verschiedenen Altersgruppen umfasst die Stichprobe etwa 60.000 Personen (Blossfeld et al. 2011). NEPS setzt sich aus sechs Panelstudien zusammen, die als sogenannte Startkohorten bezeichnet werden. Institutionell ist das NEPS mittlerweile am Leibniz-Institut für Bildungsverläufe (LIfBi) an der Otto-Friedrich-Universität Bamberg angesiedelt, wobei auch Wissenschaftler an anderen Institutionen in Deutschland und dem Ausland am Nationalen Bildungspanel mitwirken.

2.6.1 Kompetenzbegriff in NEPS

NEPS geht aufgrund seiner Eigenschaft als Längsschnittstudie über den gesamten Lebensverlauf von einem mehrdimensionalen, eigentlich jedoch von mehreren Kompetenzbegriffen aus. Allen gemeinsam ist dabei die Vorstellung, dass Bildung und damit auch Kompetenzentwicklung ein lebenslanger Prozess ist. Anders als bei kohortenspezifischen Schulleistungsstudien wie PISA, IGLU oder TIMSS muss der Kompetenzbegriff in NEPS daher auf eine breitere Zielgruppe von Personen anwendbar sein und kann auch nicht punktuelle Meilensteine im Sinne von erworbenen Kompetenzen definieren. Vielmehr muss berücksichtigt werden, dass Bildungsprozesse im Lebenslauf und dabei insbesondere Bildungsentscheidungen eng mit dem Curriculum und dem jeweils vorliegenden Schulsystem in Deutschland verknüpft sind (Neumann et al. 2013). Insofern braucht die theoretische Rahmenkonzeption der Kompetenzbegriffe in NEPS für das Schulalter einen expliziten Bezug zu den jeweiligen Bildungsstandards in Fächern wie Mathematik, Deutsch oder Fremdsprachen, aber auch einen klaren Bezug zu Lebenssituationen im Erwachsenenalter. Exemplarisch werden hier Mathematik und Lesekompetenz kurz dargestellt.

Für Mathematik etwa verknüpft NEPS die theoretischen Rahmenkonzeptionen aus PISA und den Bildungsstandards des IQB-Ländervergleichs (Neumann et al. 2013). Das Konzept mathematischer Grundbildung ist ähnlich wie bei PISA und den Bildungsstandards in mehrere Dimensionen unterteilt, so dass Inhaltsbereiche (so genannte Leitideen) neben kognitiven Komponenten (so genannten allgemeinen mathematischen Kompetenzen) stehen (vgl. z. B. KMK 2012a). Neben diesen beiden Dimensionen, die sich sowohl in den theoretischen Rahmenkonzeptionen zu PISA als auch zu den Bildungsstandards wiederfinden, wird in NEPS noch die Zeit bzw. Alterskohorte als eine dritte, implizite Dimension mitgedacht (Neumann et al. 2013). Wie in der theoretischen Rahmenkonzeption mathematischer Grundbildung in PISA (OECD 2013a) definiert auch NEPS die vier Inhaltsbereiche Quantität, Veränderung und Beziehungen, Raum und Form sowie Unsicherheit und Daten.

Während die Lesekompetenz in NEPS zwar ein ähnliches Verständnis von funktionaler Grundbildung wie in PISA voraussetzt (OECD 2009a), kommen allerdings im Gegensatz zu PISA keine diskontinuierlichen Texte wie Tabellen oder Diagramme zum Einsatz (Gehrer et al. 2013). Lesekompetenz wird in NEPS weitestgehend als Textverstehen definiert, wobei zur Abbildung der Lesekompetenz über die gesamte Lebensspanne drei Dimensionen unterschieden werden, die sich auch in der Testentwicklung niederschlagen: (a) Textfunktionen und Textsorten, (b) kognitive Anforderungen und (c) Aufgabenformate (Gehrer et al. 2013). Unterschieden werden fünf Textfunktionen bzw. Textsorten, so dass es Aufgaben zu Kommentartexten, Informationstexten, literarischen Texten, Anleitungen und Werbung gibt. Die kognitiven Anforderungen werden differenziert in das Auffinden von Information im Text, das Ziehen textbezogener Schlussfolgerungen sowie in das Reflektieren und Überprüfen von Textinhalten und Schlussfolgerungen (Gehrer et al. 2013).

Insgesamt wurden für das nationale Bildungspanel NEPS neben den genannten Domänen Mathematik und Leseverständnis auch Schrift- und Sprachkompetenz ausgewählt, aber auch naturwissenschaftliche Grundbildung sowie fachübergreifende kognitive Fähigkeiten wie beispielsweise Informationsverarbeitung. Darüber hinaus werden im Rahmen von NEPS auch sogenannte Metakompetenzen sowie soziale Kompetenzen erfasst, etwa Selbstregulation, Selbsteinschätzung der eigenen Fähigkeiten, Umgang mit Informations- und Kommunikationstechnologien oder fachspezifisches Interesse bzw. Motivation. Da das NEPS sich mit Kompetenzen über die gesamte Lebensspanne hinweg befasst, werden auch lebensetappenspezifische Kompetenzen berücksichtigt. Dazu gehören etwa lehrplan- oder berufsbezogene Fähigkeiten ebenso wie deren Entwicklungsbedingungen.

2.6.2 Design und Testkonzeption von NEPS

Das Design des NEPS baut sich in fünf Säulen auf, die wiederum in acht Bildungsetappen entlang der Lebensspanne unterteilt werden. Säulen und Etappen bilden zusammen die Rahmenkonzeption des Nationalen Bildungspanels. Die fünf *Säulen*, die inhaltlich als Dimensionen von Bildung über die Lebensspanne betrachtet werden können, sind (1) Kompetenzentwicklung (2) Bildungsprozesse in verschiedenen Lernumwelten, (3) Soziale Ungleichheit und Bildungsentscheidungen, (4) Bildungserwerb mit Zuwanderungshintergrund sowie (5) Bildungsrenditen (Blossfeld et al. 2011). All diese Säulen sind jeweils unter Berücksichtigung des gesamten Lebenslaufes zu sehen. Dabei wird die Panelstudie zu jeder thematischen Säule in acht *Bildungsetappen* unterteilt: (1) Neugeborene und Eintritt in frühkindliche Betreuungseinrichtungen, (2) Kindergarten und Einschulung, (3) Grundschule und Übertritt in eine Schulart der Sekundarstufe I, (4) Wege durch die Sekundarstufe I und Übergänge in die Sekundarstufe II, (5) Gymnasiale Oberstufe und Übergänge in (Fach-)Hochschule, Ausbildung oder Arbeitsmarkt, (6) Aufnahme einer beruflichen Ausbildung und der spätere Arbeitsmarkteintritt, (7) (Fach-)Hochschulstudium und Übergang in den Arbeitsmarkt sowie (8) allgemeine und berufliche Weiterbildung (Blossfeld et al. 2011).

Durch die längsschnittliche Anlage des NEPS werden die untersuchten Kompetenzen der Teilnehmerinnen und Teilnehmer nicht nur einmal getestet, sondern in der Regel alle zwei bis sechs Jahre (vgl. etwa Artelt et al. 2013). Auf diese Weise können Entwicklungsverläufe nachgezeichnet, aber auch verschiedene Startkohorten miteinander verglichen werden. Eine besondere Herausforderung ist dabei, dass zur Abbildung der Kompetenzentwicklung über die Lebensspanne nicht derselbe Test mehrmals angewendet werden kann, sondern dass die Tests inhaltlich und in ihrer Schwierigkeit in Bezug auf die jeweils untersuchte Alterskohorte angepasst werden müssen (Pohl und Carstensen 2013).

Im Rahmen von NEPS wird im Gegensatz zu anderen Large Scale Assessments wie PISA oder TIMSS üblicherweise nicht mit einem rotierten Booklet-Design gearbeitet, sondern jeder Testteilnehmer einer bestimmten Kohorte bearbeitet dieselben Aufgaben (vgl. etwa Gehrer et al. 2013). Die Altersadäquatheit der unterschiedlichen Kompetenztests wird jeweils durch Experteneinschätzung, Bestimmung des Schwierigkeitsspektrums der Aufgaben und, am Beispiel der Lesekompetenz, deren Lesbarkeit optimiert. Nach mehreren Pilotstudien werden die am besten für die getesteten Altersgruppen passenden Aufgaben ausgewählt. In NEPS werden darüber hinaus zahlreiche bereits existierende und empirisch bewährte Kompetenztests eingesetzt, beispielsweise das Salzburger Lesescreening (Auer et al. 2005). Diese erprobten Testverfahren sind in aller Regel bereits auf eine bestimmte Altersgruppe normiert, was die Qualität der Kompetenzmessung abstützt.

2.7 Zusammenfassender Überblick: Schulleistungsstudien in Deutschland

	PISA	TIMSS	PIRLS / IGLU	IQB-LV	VERA	NEPS
Initiierende Organisation	OECD	IEA	IEA	KMK	KMK	BMBF
Hauptziel	System-monitoring	System-monitoring	System-monitoring	System-monitoring	Unterrichts- und Schulentwicklung	Beschreibung von Bildungsprozessen über die Lebensspanne
Bisherige und geplante Erhebungsrunden	2000, 2003, 2006, 2009, 2012, 2015, 2018	1995, 1999, 2003, 2007, 2011, 2015	2001, 2006, 2011, 2016	2008/2009, 2011, 2012, 2015	2004 - 2006 in 7 Ländern, seit 2007/2008 jährlich in allen Ländern	seit 2010, abhängig von der Kohorte
Population/ Zielgruppe	15-jährige Schüler	Schüler der vierten Jahrgangsstufe, die durchschnittlich 9 Jahre und 6 Monate alt sind und/oder Schüler der achten Jahrgangsstufe bzw. am Ende Sekundarstufe I	Schüler der vierten Jahrgangsstufe, die durchschnittlich 9 Jahre und 5 Monate alt sind	Schüler kurz vor einem bestimmten Schulabschluss (Primarstufe, Sekundarstufe I, Sekundarstufe II)	Schüler, die die Klassenstufen 3 oder 8 besuchen (Vollerhebung)	6 Kohorten: Kleinkinder (7 Monate), 4-Jährige, Schüler der Klassenstufen 5 und 9, Studienanfänger sowie Erwachsene der Jahrgänge 1944 bis 1986
Design	Querschnitt, Trend	Querschnitt, Trend	Querschnitt, Trend	Querschnitt, Trend	Querschnitt, Trend	Längsschnitt mit mehreren Kohorten

	PISA	TIMSS	PIRLS / IGLU	IQB-LV	VERA	NEPS
Turnus	Alle 3 Jahre	Alle 4 Jahre	Alle 5 Jahre	Primarstufe: alle 5 Jahre, Sekundarstufe: alle 3 Jahre	Jährlich	Abhängig von der Kohorte
Domänen	Lesekompetenz, Mathematik, Naturwissenschaften	Mathematik und Naturwissenschaften	Lesekompetenz	Sprachen (Deutsch, Französisch, Englisch) und Mathematik/ Naturwissenschaften	Deutsch, Mathematik	Sprache, Mathematik, Naturwissenschaften, Metakompetenzen
Stichprobe	Ca. 5000 Schüler pro Staat	Ca. 4000 Schüler pro Staat	Ca. 4000 Schüler pro Staat	Primarstufe: ca. 27.000 Schüler, Sekundarstufe I: ca. 45.000 Schüler	Vollerhebung (keine Stichprobe; alle 3. und 8. Klassen an allgemeinbildenden Schulen)	60.000 Menschen in Deutschland aus verschiedenen Altersgruppen
Teilnehmer	Alle OECD-Staaten plus Partnerstaaten (2012: $N = 65$)	Bildungssysteme weltweit (2011: $N = 59$)	Bildungssysteme weltweit (2011: $N = 56$)	Alle deutschen Bundesländer ($N = 16$)	Alle deutschen Bundesländer ($N = 16$)	Alle deutschen Bundesländer ($N = 16$)
Kontextfragebögen eingesetzt in Deutschland	Schüler, Eltern, Lehrkräfte, Schulen	Schüler, Eltern, Lehrkräfte, Schulen, Curriculumexperten	Schüler, Eltern, Lehrkräfte, Schulen, Curriculumexperten	Schüler, Lehrkräfte, Schulen	Keine	Eltern, Lehrkräfte, Schulen

2.7 Zusammenfassender Überblick: Schulleistungsstudien in Deutschland

	PISA	TIMSS	PIRLS / IGLU	IQB-LV	VERA	NEPS
Kompetenzbegriff	Literacy	Inhalte und kognitive Anforderungen	Literacy mit Bezug zum Curriculum	Bildungsstandards der KMK	Leistungsstand	Verknüpfung von Literacy und Bildungsstandards
Theoretischer Bezugsrahmen der Kompetenzen	Theoretische Rahmenkonzeption (Assessment Framework)	Theoretische Rahmenkonzeption (Assessment Framework)	Theoretische Rahmenkonzeption (Assessment Framework)	Bildungsstandards der KMK	Bildungsstandards der KMK	Assessment Frameworks (PISA, TIMSS, IGLU) sowie Bildungsstandards der KMK

Kapitel 3
Grundzüge des Rasch-Modells

Zusammenfassung Die Item-Response-Theorie wird auch probabilistische Testtheorie genannt und ist ein Rahmenkonzept für die Entwicklung standardisierter Leistungstests. Dieses Rahmenkonzept geht davon aus, dass aus beobachtbaren Daten (z. B. den Antworten auf Testaufgaben) auf zugrunde liegende Eigenschaften einer Person geschlossen werden kann. Ein Modell, das diese Art von Schlussfolgerung zulässt, ist das Rasch-Modell. Es basiert auf der Annahme, dass sich die Kompetenz einer Person anhand ihrer Fähigkeit sowie der Schwierigkeit der gestellten Testaufgaben eindimensional beschreiben lässt. Das Rasch-Modell wird in seinen Grundzügen vorgestellt. Dabei geht es zunächst um die Erfassung von nicht beobachtbaren Eigenschaften, wie z. B. die Kompetenz einer Person anhand von Antworten auf Testaufgaben. Darauf aufbauend werden die Modellgleichung des Rasch-Modells eingeführt sowie einige graphische Veranschaulichungen dargestellt.

Das Rasch-Modell hat durch seine Verwendung etwa im Rahmen der PISA-Studie in den letzten Jahren eine relativ große Bekanntheit erreicht. Dennoch erschließt sich nicht unbedingt intuitiv, was das Rasch-Modell konkret ist und was es für die Interpretation und Einordnung von Ergebnissen einer Schulleistungsstudie wie PISA bedeutet. In den vorangehenden Abschnitten wurde anhand der aktuellen landesweiten sowie internationalen Schulleistungsstudien mit deutscher Beteiligung gezeigt, welcher Begriff von Kompetenz dort jeweils zugrunde gelegt wird und wie die Studien designt und konzipiert sind. Der nächste Baustein zum informierten Lesen solcher Studien ist mit dem Rasch-Modell eine Vorstellung davon, wie man die Fähigkeit oder Kompetenz einer Person unter Berücksichtigung der Schwierigkeit der bearbeiteten Aufgabe ausdrücken kann. Dieser Ansatz wird in den folgenden Abschnitten beschrieben.

3.1 Erfassung von nicht beobachtbaren Eigenschaften

Psychologische Tests werden in vielen Situationen eingesetzt, um Eigenschaften von Personen zu messen. Solche Eigenschaften könnte man oftmals auch beobachten oder schlicht direkt erfragen, etwa die Präferenz für einen Fußballverein oder die Lieblingsfarbe. Schwieriger wird es bei Eigenschaften, über die man vielleicht eher ungern spricht oder über die man sich nicht im Klaren ist, etwa Ausländerfeindlichkeit oder verschiedene Persönlichkeitsmerkmale. Diese Eigenschaften sind kaum beobachtbar, so dass man Hinweise oder Indikatoren dafür finden muss, anhand derer man auf ihre Ausprägung schließen kann. Nicht beobachtbare Eigenschaften werden in der Psychologie als *latent* bezeichnet, beobachtbare als *manifest*. Im Rahmen von psychologischen Tests werden den Personen mehrere Aufgaben oder Fragen gestellt, um ausreichend Informationen über die interessierende latente Eigenschaft zu sammeln. Solche Informationen werden als Indikatoren bezeichnet. Anhand dieser Indikatoren wird auf die latente Eigenschaft geschlossen, ihre Ausprägung also letztlich geschätzt. Ein Beispiel für eine solche latente Eigenschaft ist die Kompetenz oder Fähigkeit einer Person. Diese kann etwa in Form von Leistungstests mit einer Vielzahl unterschiedlicher Aufgaben erfasst werden. Abhängig davon, wie viele (nicht unbedingt: welche, s. u.) Aufgaben eine Person korrekt beantwortet hat, wird ihr eine bestimmte Kompetenz zugesprochen.

Bei der Konstruktion eines Leistungstests, in dem zahlreiche Aufgaben Indikatoren dafür sammeln sollen, wie kompetent z. B. ein Schüler in Mathematik ist, sind mehrere Herausforderungen zu meistern. Eine sehr zentrale ist die möglichst reine, eindimensionale Messung des interessierenden Konstrukts, etwa der mathematischen Kompetenz. Allzu leicht passiert es nämlich, dass eine Aufgabe neben dem angestrebten Konstrukt noch weitere Eigenschaften der Person mit erfasst. Beispielsweise kann eine sehr texthaltige Aufgabe neben der mathematischen Kompetenz auch eine hohe Lesekompetenz erfordern, so dass nicht ganz klar erkennbar ist, ob ein Schüler, der die Aufgabe lösen kann, eine hohe mathematische oder Lesekompetenz aufweist oder beides. Zudem kann eine solche textlastige Aufgabe Schülerinnen und Schüler benachteiligen, die zuhause eine andere Sprache als Deutsch sprechen. Insofern muss bereits bei der Testkonstruktion überprüft werden, ob die Aufgabe möglichst fair ist und unverzerrte Testergebnisse erwarten lässt. Ein Instrument für diese Überprüfung ist das Rasch-Modell, dem mehrere Annahmen zu Grunde liegen.

Ähnlich wie bei Klausuren oder Klassenarbeiten im schulischen Kontext, werden beim Einsatz von standardisierten Leistungstests im Rahmen groß angelegter Schulleistungsstudien bestimmte Annahmen über den Zusammenhang von Testaufgaben und Kompetenz der Schülerinnen und Schüler gemacht. Während Klausuren in der Regel so gestellt sind, dass der zuvor im Unterricht behandelte Stoff thematisiert und dessen Verständnis anhand verschiedener Fragen von jedem Schüler einzeln geprüft werden soll, werden standardisierte Leistungstests unter Bezug auf definierte Kompetenzen so entwickelt, dass sie flächendeckend eingesetzt werden können und Rückschlüsse auf relativ breite Konstrukte zulassen. Klausuren beziehen sich also auf einen eher engen zu messenden Themenbereich, der durch Lehrpläne, Unterricht in einem bestimmten Zeitraum oder Prüfungsvorbereitung mitbestimmt wird und über dessen Beherrschung jeder Schüler nach der Klausur eine Rückmeldung bekommt. Standardisierte Leistungstests hingegen müssen anhand einer Stichprobe von Schülern und Aufgaben Ergebnisse liefern, die verallgemeinerbar sind (z. B. auf Bundeslandebene oder auf staatlicher Ebene) und Aussagen darüber zulassen, wie die durchschnittliche Kompetenz einer bestimmten Gruppe von Personen (Population) ausgeprägt ist. Rückmeldung zu den Leistungen einzelner Testteilnehmer sind zumeist nicht vorgesehen. Um diesen Zweck zu erfüllen, folgen die meisten Schulleistungsstudien der sogenannten Item-Response-Theorie (IRT). Die Item-Response-Theorie wird auch probabilistische Testtheorie genannt und ist ein Rahmenkonzept für die Entwicklung standardisierter Leistungstests, das davon ausgeht, dass aus manifesten Daten (z. B. den Antworten auf Testaufgaben) auf zugrunde liegende latente Variablen (z. B. die mathematische Kompetenz) einer Person geschlossen werden kann. Ein Modell, das diese Art von Schlussfolgerung zulässt, ist das Rasch-Modell. Es basiert auf der Annahme, dass sich die Kompetenz einer Person anhand ihrer Fähigkeit sowie der Schwierigkeit der gestellten Testaufgaben eindimensional beschreiben lässt (Rasch 1960). Dabei leuchtet unmittelbar ein, dass eine besonders fähige (kompetente) Person schwierige Aufgaben eher (d. h. mit einer höheren Wahrscheinlichkeit) lösen kann als eine weniger fähige Person. In den folgenden Abschnitten wird das Rasch-Modell Schritt für Schritt eingeführt.

3.2 Datenmatrix: Antworten auf Testaufgaben

Das Rasch-Modell kann zur Auswertung von Leistungstests sowie weiterer psychologischer Tests herangezogen werden. Grundlage sind die Antworten der befragten Personen auf die Fragen bzw. Aufgaben des Tests. Im Rahmen von Kompetenztests beginnt der Einsatz des Rasch-Modells mit einer sogenannten Datenmatrix.

Standardisierte Leistungstests verfolgen meist das Ziel, möglichst effizient gültige Aussagen über die durchschnittliche Kompetenz einer Population zu ermöglichen. Am Beispiel der PISA-Studie bedeutet dies, dass jeder Schüler, der in die repräsentative Stichprobe der fünfzehnjährigen Schüler (untersuchte Population) gezogen wurde, eine Auswahl an Testaufgaben bearbeitet und auf der Basis der gelösten und nicht gelösten Aufgaben per Schätzung ein bestimmtes Kompetenzniveau zugewiesen bekommt. Das oben beschriebene und in zahlreichen Schulleistungsstudien eingesetzte Multi-Matrix-Design (vgl. Abschnitt 2.1.2) ist Teil der Item-Response-Theorie und erlaubt auf der Ebene der Gesamtstichprobe die Schätzung einer durchschnittlichen Kompetenz innerhalb der Stichprobe. In der Regel ist dabei von der Annahme auszugehen, dass die gemessene Kompetenz eindimensional ist. Ist die Stichprobe repräsentativ, kann von ihr auf die untersuchte Population geschlossen werden. Studien wie PISA erlauben folglich die Schätzung durchschnittlicher Kompetenzen für die untersuchte Population (z. B. fünfzehnjähriger Schüler) in den Teilnehmerstaaten, nicht aber die Zuweisung individueller Kompetenzen zu jedem teilnehmenden Schüler. Unter Verwendung der IRT bewegen wir uns also auf der Ebene der Stichprobe und Population und nicht auf der Ebene des individuellen Schülers.

Um Informationen auf der Ebene der untersuchten Gruppe von Schülern zu sammeln, eignet sich die Erstellung einer sogenannten Datenmatrix. Sie ist eine Übersicht darüber, welche Personen welche Aufgaben gelöst bzw. nicht gelöst haben. Für jede gelöste Aufgabe erhält die Person eine 1 in der Matrix, für jede nicht gelöste eine 0.

Person \ Aufgabe	1	2	3	4
1	0	1	1	1
2	0	1	0	0
3	1	1	1	1
4	0	0	1	1
5	0	0	0	1
6	1	1	0	1

Zunächst leuchtet ein, dass eine Person, die alle vier Aufgaben gelöst hat, vermutlich kompetenter ist (also eine höher ausgeprägte Fähigkeit besitzt) als eine Person, die lediglich eine einzige Aufgabe gelöst hat. Allerdings ist dabei noch nicht berücksichtigt, dass die Aufgaben wahrscheinlich unterschiedlich schwierig sind und dass der Erfolg bei der Lösung einer Aufgabe auch von der Tagesform der Person abhängt. Durch Flüchtigkeitsfehler kann es sein, dass eine Person an einer Aufgabe scheitert, die sie aufgrund ihrer Fähigkeit an anderen Tagen problemlos hätte lösen können. Ebenso gut besteht die Möglichkeit, durch Glück beim Raten eine Aufgabe zu bewältigen, die eigentlich zu schwierig ist. Insbesondere bei Multiple-Choice Fragen ist dies der Fall. Es wird klar, dass es eine gewisse Zufallskomponente gibt, die beim Nachdenken über die Entstehung von Kompetenzmessungen aufgrund von Testaufgaben berücksichtigt werden muss.

Wenn man die Zeilen und Spalten in der Datenmatrix nun so vertauscht, dass die Personen in der Rangreihe ihrer Fähigkeit und die Aufgaben in der Rangreihe ihrer Schwierigkeiten aufgeführt werden, entsteht folgende Matrix:

Person \ Aufgabe	1	3	2	4
2	0	0	1	0
5	0	0	0	1
4	0	1	0	1
1	0	1	1	1
6	1	0	1	1
3	1	1	1	1

Wenn es eine Zufallskomponente gibt, die in die Beschreibung einer Kompetenz mit eingeht, kann nicht unmittelbar von der Lösung einer Aufgabe auf eine bestimmte Kompetenz geschlossen werden – zumindest nicht deterministisch, d. h. mit Sicherheit. Der Zufall kann jedoch berücksichtigt werden, indem von der Lösung verschiedener Aufgaben mit einer gewissen *Wahrscheinlichkeit*, d. h probabilistisch, auf die Fähigkeit einer Person geschlossen wird. Umgekehrt bedeutet dies Folgendes: Eine Person, die über eine bestimmte Fähigkeit verfügt, wird eine Aufgabe, die eine bestimmte Schwierigkeit hat, mit einer bestimmten Wahrscheinlichkeit lösen. Die Begriffe *Fähigkeit, Schwierigkeit* und *Wahrscheinlichkeit* sind also zentral für die Item-Response-Theorie und drei Komponenten des Rasch-Modells; dabei bleibt das Rasch-Modell allerdings nicht auf Konzepte wie Fähigkeiten von Personen beschränkt. Auch Einstellungen oder Haltungen gegenüber bestimmten Themen sind mögliche Konstrukte, die mit dem Rasch-Modell erfasst werden können. Im Kontext von Schulleistungsstudien drückt das Rasch-Modell konzeptuell die Wahrscheinlichkeit aus, mit der das Ereignis „Aufgabe gelöst" (= 1) oder „Aufgabe nicht gelöst" (= 0) in Abhängigkeit von der Schwierigkeit der Aufgabe (β, *Beta*) sowie der Fähigkeit der Person (θ, *Theta*) eintritt. Das Vorzeichen der Differenz von Schwierigkeit und Fähigkeit gibt an, ob ein Schüler eine Aufgabe eher lösen wird oder eher nicht lösen wird. Wenn eine Person fähiger ist als die Aufgabe schwierig ist (also Theta > Beta), wird sie die Aufgabe wahrscheinlich lösen. Ist hingegen die Aufgabe schwieriger als die Person fähig ist ($\beta > \theta$), wird die Person wahrscheinlich scheitern. Wenn Personenfähigkeit und Aufgabenschwierigkeit gleich groß sind, beträgt die Lösungswahrscheinlichkeit 50 Prozent (Rost 2004). Bildlich gesprochen, ist die Bearbeitung einer Aufgabe also eine Art Kräftemessen zwischen einer Person mit einer bestimmten Fähigkeit und einer Aufgabe mit bestimmter Schwierigkeit. Je nachdem, wer stärker ist (die Person fähiger oder die Aufgabe schwieriger), wird entweder die Person die Aufgabe schlagen (und damit lösen) oder die Aufgabe die Person (und lässt sich nicht lösen). Wenn Person und Aufgabe gleich stark sind und die Lösungswahrscheinlichkeit 50 Prozent beträgt, endet das Kräftemessen voraussichtlich unentschieden. Dabei ist zu beachten, dass es auch hier lediglich um die Wahrscheinlichkeit geht, mit der eine Person eine Aufgabe bewältigen oder die Aufgabe zu schwierig für die Person sein wird. Ist eine Person fähiger als eine Aufgabe schwierig ist, so kann auch diese Person sich täuschen und die Aufgabe nicht lösen. Die zweite oben abgebildete Datenmatrix zeigt, wie die Summe der gelösten Aufgaben in einem Test dazu verwendet werden kann, auf die Kompetenz einer Person zu schließen. Durch die Sortierung der Personen nach der Zahl der von ihnen gelösten Aufgaben sowie der Aufgaben nach der Häufigkeit ihrer Lösung (Anzahl der Personen, die diese Aufgabe lösen konnten) wird bereits die Schätzung der Eigenschaften von Person (Fähigkeit) und Aufgabe (Schwierigkeit) vorbereitet.

3.3 Modellgleichung

Übersetzt man das Zusammenspiel der soeben beschriebenen drei Komponenten Fähigkeit, Schwierigkeit und Lösungswahrscheinlichkeit in die Form einer symbolischen Modellgleichung, sieht dieser Zusammenhang wie folgt aus:

$$P(U_{ij} = 1|\theta_i, \beta_j) = \frac{e^{\theta_i - \beta_j}}{1 + e^{\theta_i - \beta_j}}$$

Diese Gleichung hat folgende Bedeutung: U_{ij} ist das Ereignis, dass eine Person i die Aufgabe j richtig ($U_{ij} = 1$) bzw. falsch ($U_{ij} = 0$) löst. Die Werte U_{ij} sind also die Einträge der Datenmatrix in der i-ten Zeile und der j-ten Spalte. Der Buchstabe P steht für die Wahrscheinlichkeit (engl. *probability*) des Ausdrucks zwischen den Klammern, also für die Wahrscheinlichkeit, dass die Datenmatrix in Zeile i und Spalte j den Eintrag 1 hat (d. h. $U_{ij} = 1$) unter der Voraussetzung (verdeutlicht durch den senkrechten Strich), dass die Person i die Fähigkeit θ_i hat und die Aufgabe j die Schwierigkeit β_j aufweist. Damit ist diese Wahrscheinlichkeit eine bedingte Wahrscheinlichkeit (Strobl 2012). Der Bruch auf der rechten Seite ist eine logistische Funktion (also eine Funktion, die das begrenzte Wachstum einer Größe beschreibt), die sowohl im Exponenten des Zählers als auch im Exponenten des Nenners eine Differenz enthält: die Differenz zwischen der Fähigkeit einer Person und der Schwierigkeit der Aufgabe. Die logistische Funktion ist von der Form

$$\frac{e^x}{1 + e^x}$$

Das „x" wird also beim Rasch-Modell durch die Differenz aus Fähigkeit der Person und Schwierigkeit der Aufgabe ersetzt. Wie oben beschrieben, gilt: Ist diese Differenz positiv, sticht die Fähigkeit die Schwierigkeit und die Lösungswahrscheinlichkeit ist höher als 50 Prozent; ist sie negativ, sticht die Schwierigkeit die Fähigkeit und die Lösungswahrscheinlichkeit liegt unter 50 Prozent. Bei einer Differenz von 0 sind Fähigkeit und Schwierigkeit identisch und die Lösungswahrscheinlichkeit beträgt 50 Prozent. An der S-Form des Graphen der logistischen Funktion lässt sich ablesen, dass die abhängige Variable (hier: die Lösungswahrscheinlichkeit in Abhängigkeit von der Fähigkeit der Person) begrenzt ist. Sie kann Werte zwischen 0 und 1 annehmen. Abb. 3.1 zeigt, dass sich die S-Kurve im mittleren Bereich einer Geraden annähert. Dies deutet auf einen linearen Zusammenhang der Personenfähigkeit und der Lösungswahrscheinlichkeit in diesem Bereich hin.

Die S-förmige Kurve verknüpft die Schwierigkeit einer Testaufgabe mit der Fähigkeit einer Person, die diese Aufgabe lösen soll. Die Funktion steigt von links nach rechts gelesen an, das bedeutet, je fähiger oder überlegener eine Person im Verhältnis zur Aufgabenschwierigkeit ist, desto höher ist die Lösungswahrscheinlichkeit (Strobl 2012).

3.4 Personen- und itemcharakteristische Kurven

Die S-Kurve, die die logistische Funktion in Abb. 3.1 veranschaulicht, spielt auch beim Rasch-Modell eine zentrale Rolle. Sie bildet den Verlauf der Lösungswahrscheinlichkeit für eine Aufgabe in Abhängigkeit von der Fähigkeit der Person ab. Deshalb wird diese Kurve im Zusammenhang mit dem Rasch-Modell auch

3.4 Personen- und itemcharakteristische Kurven

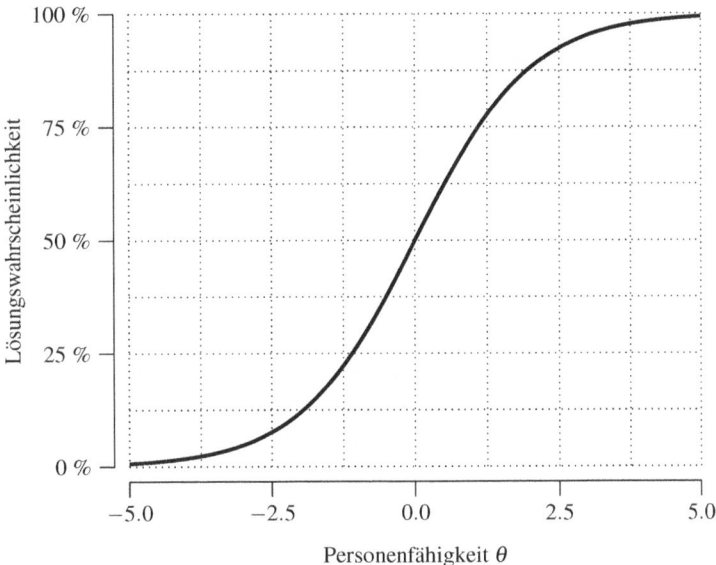

Abb. 3.1 ICC einer logistischen Funktion nach dem Rasch-Modell

aufgabencharakteristische Kurve (engl. *Item Characteristic Curve*, ICC) genannt. Abb. 3.2 zeigt, wie man eine solche ICC liest.

Die x-Achse steht für die Personenfähigkeit, die y-Achse für die Lösungswahrscheinlichkeit. Die Lösungswahrscheinlichkeit liegt immer zwischen 0 und 1. Es ist unmittelbar zu sehen, dass mit der Fähigkeit einer Person auch die Wahrscheinlichkeit steigt, dass sie diese Aufgabe lösen wird. Der Wendepunkt liegt bei einer Lösungswahrscheinlichkeit von 50 Prozent. An diesem Wendepunkt lässt sich auch ablesen, welche Fähigkeit man braucht, um eine Aufgabe mit mehr oder weniger als 50 Prozent Wahrscheinlichkeit lösen zu können: Dazu zieht man (gedanklich) eine horizontale Linie von dem Punkt auf der y-Achse, der die 50 Prozent-Wahrscheinlichkeit markiert, zur Kurve. Vom Schnittpunkt der gedanklichen Linie mit der S-Kurve aus zieht man gedanklich eine senkrechte Linie nach unten bis zur x-Achse. Dort trifft die senkrechte Linie auf den entsprechenden Wert für die Personenfähigkeit. Im mittleren Bereich wird eine lineare Beziehung zwischen der Lösungswahrscheinlichkeit einer Aufgabe (beschränkt auf das Intervall von 0 bis 1) und der latenten Fähigkeit einer Person (unbegrenzt) angenommen. Da eine lineare Beziehung zwischen einer beschränkten und einer unbeschränkten Variablen nicht unproblematisch ist, wird für das Rasch-Modell diese Linearität zwischen Lösungswahrscheinlichkeit und Fähigkeit der Person lediglich im Mittelbereich angenommen – also dort, wo die S-Kurve fast gerade verläuft. Im oberen Bereich wird die Itemfunktion asymptotisch dem Wert 1 angenähert, im unteren Bereich dem Wert 0 (Rost 2004). Inhaltlich bedeutet das, dass die Lösungswahrscheinlichkeit im mittleren Bereich am stärksten mit zunehmender Fähigkeit der Person ansteigt.

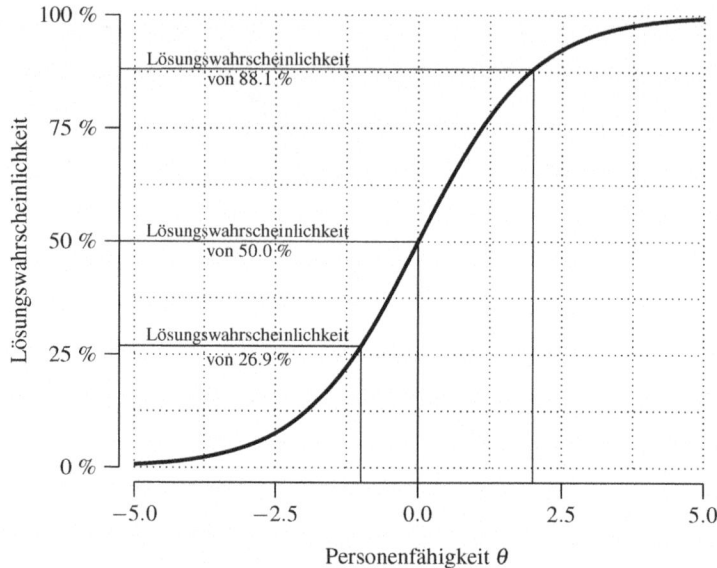

Abb. 3.2 ICC einer logistischen Funktion nach dem Rasch-Modell mit Lesehilfe

Im oberen und unteren Bereich hingegen besteht ein schwächerer Zusammenhang. Wenn eine Aufgabe also zu leicht oder zu schwer ist, beeinflusst eine Veränderung der Fähigkeit nur geringfügig die Lösungswahrscheinlichkeit.

Jede Aufgabe in einem Test hat eine solche ICC oder aufgabencharakteristische Kurve. Wenn man sich für mehrere zu einem Test gehörende Aufgaben den Zusammenhang zwischen der Fähigkeit der Testperson und der Lösungswahrscheinlichkeit anschauen möchte, kann man für jede der Aufgaben eine Kurve in das Achsenkreuz eintragen (vgl. Abb. 3.3).

Beim Betrachten von Abb. 3.3 fällt auf, dass die Kurven im mittleren Bereich alle parallel verlaufen, also dieselbe Steigung bzw. denselben Verlauf haben. Sie sind nach rechts oder links verschoben, woran man ablesen kann, ob eine Aufgabe eher leicht (links) oder schwierig (rechts) ist. Alle Kurven für die Aufgaben in einem Test, für den das Rasch-Modell gilt, müssen dieselbe Steigung haben; dies ist in der Modellgleichung festgelegt. Es gibt keinen Parameter, der die Steigung der Kurve ausdrückt, folglich kann sich diese nicht ändern. Die Steigung im mittleren Bereich der ICC, also am Wendepunkt, bezeichnet man auch als Trennschärfe der Aufgabe (Rost 2004). Eine praktische Folge aus der einheitlichen Trennschärfe ist, dass nicht für jede Testperson ein eigener Parameter für die Fähigkeit bestimmt werden muss. Nach dem Rasch-Modell haben alle Personen, die dieselbe Anzahl an Aufgaben gelöst haben (und damit denselben Summenscore haben), denselben Fähigkeitsparameter (Personenparameter). Ein Sonderfall sind hierbei Personen, die entweder gar keine Aufgabe lösen konnten (Summenscore = 0) oder alle Aufgaben in einem Test gelöst haben. Für diese Gruppen benötigt man zusätzliche Annahmen,

3.4 Personen- und itemcharakteristische Kurven

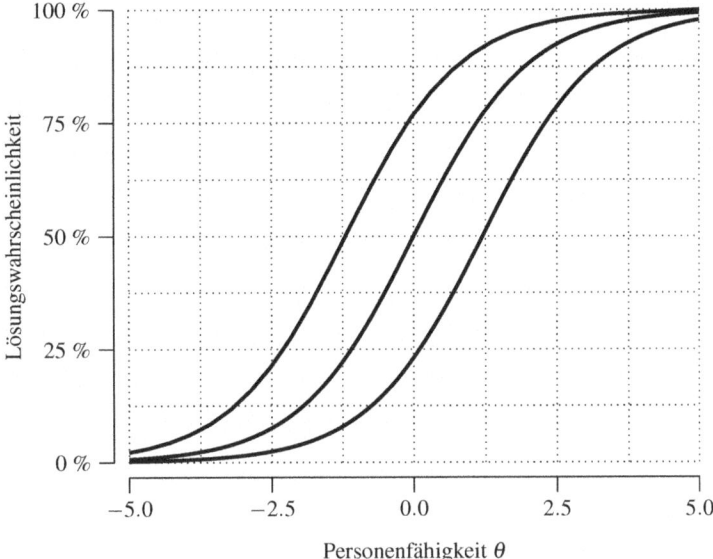

Abb. 3.3 ICCs für mehrere Aufgaben in einem Test

um ihre Fähigkeit zu schätzen (Rost 2004). Die Trennschärfe einer Aufgabe gibt außerdem Auskunft darüber, inwieweit die Lösung oder Nicht-Lösung einer Aufgabe dazu dienen kann, Personen mit hoher Fähigkeit von Personen mit geringerer Fähigkeit zu unterscheiden bzw. zu trennen (Strobl 2012).

Kapitel 4
Schätzung von Kompetenzen in Studien wie PISA

Zusammenfassung In Schulleistungsstudien werden die darin gemessenen Kompetenzen üblicherweise geschätzt. Auf der Basis der Schülerantworten auf die Testaufgaben wird beispielsweise mit Hilfe des Rasch-Modells ein Näherungswert für die Kompetenz der teilnehmenden Schülerinnen und Schüler bestimmt. Um die Leistungen der Schülerinnen und Schüler miteinander vergleichen zu können, müssen bestimmte Voraussetzungen erfüllt sein. Die Antworten auf die Testaufgaben werden modellbasiert skaliert, d. h. auf einer gemeinsamen Skala abgebildet. Hierfür ist das Rasch-Modell ein Ansatz, der in vielen Schulleistungsstudien gewählt wird. Das ursprüngliche Rasch-Modell ist eindimensional, geht also von einer einzigen Dimension der gemessenen Kompetenz aus. Daneben existieren mittlerweile zahlreiche mehrdimensionale Erweiterungen, anhand derer mehrere Kompetenzen zugleich abgebildet werden können.

Nachdem in den vorhergehenden Abschnitten die in den beschriebenen Studien verwendeten Kompetenzbegriffe, die eingesetzten Studiendesigns und Testkonzeptionen sowie Grundzüge des Rasch-Modells vorgestellt wurden, werden diese Elemente nun in diesem Kapitel zusammengefügt. Indem ein Kompetenzbegriff definiert und dann mit geeigneten Aufgaben gemessen wird, kann die Ausprägung einer individuellen Kompetenz anhand einer Skalierungsmethode regelgeleitet geschätzt werden. Schätzen heißt dabei die Bestimmung eines Näherungswertes für die Aufgaben- und die Personenparameter. Das Rasch-Modell ist ein solcher Skalierungsansatz.

4.1 Vergleichbarkeit von Schülerleistungen

In Kapitel 2.1.2 wurde beschrieben, dass im Rahmen von Schulleistungsstudien jede Schülerin und jeder Schüler lediglich eine Auswahl aller verfügbaren Aufgaben bearbeitet, die zur Messung einer bestimmten Kompetenz eingesetzt werden. Das ist zunächst problematisch, denn groß angelegte Kompetenztests im bildungswissenschaftlichen Forschungskontext müssen immer mit dem Konflikt umgehen, dass der Test (also die Zusammenstellung der Aufgaben) einerseits bestimmten psychometrischen Anforderungen genügen und andererseits auch praktisch durchführbar sein muss (Heine et al. 2013). Im Fall von Studien wie PISA heißt das, dass aus messtheoretischer Perspektive eine möglichst große Anzahl von Aufgaben eine breite Basis für die Ermittlung von Schülerkompetenzen liefern sollte. Schlussendlich werden diese Kompetenzen nämlich geschätzt, d. h. anhand der richtig oder falsch beantworteten Fragen wird unterstellt, wie hoch eine entsprechende Kompetenz ausgeprägt ist. Dem sind jedoch einerseits durch den schulischen Alltag wie Busfahrzeiten oder organisatorische Einschränkungen, aber auch durch Anforderungen an die Konzentrationsleistung der Jugendlichen praktische Grenzen gesetzt. Zudem werden im Rahmen von PISA und ähnlichen Studien zugleich mehrere Kompetenzen gemessen, etwa Mathematik, Naturwissenschaften und Lesen (Sälzer und Prenzel 2013). In Schulleistungsstudien wird diesem Dilemma üblicherweise mit einem sogenannten *Balanced Incomplete Block Design* (BIBD) begegnet (vgl. etwa van der Linden et al. 2004). Es werden mehrere unterschiedlich zusammengesetzte Testhefte eingesetzt, die alle dieselbe Anzahl von Blöcken enthalten. Ein Block entspricht dabei einem Aufgabencluster, also einer Gruppe von mehreren Testaufgaben. Bei BIBD handelt es sich um randomisierte, balancierte, aber unvollständige Designs oder Versuchspläne (u. a. Bortz und Schuster 2010). Unvollständig heißt, dass es insgesamt weniger Testhefte als Cluster gibt und damit nicht jedes Cluster in jedem Testheft vorkommen kann. Die randomisierte, d. h. zufallsbasierte Zuteilung der Aufgaben zu einer Person, erleichtert die Interpretation der Ergebnisse und schließt Verzerrungen aus, die beispielsweise zustande kommen können, wenn Studienteilnehmer nach bestimmten Kriterien leichtere oder schwierigere Aufgaben zugewiesen bekommen. Die Eigenschaft des balancierten Designs schließlich umfasst mehrere Aspekte: Zunächst taucht jeder Block (jedes Cluster) mindestens einmal in einem Testheft auf und erscheint dabei über alle Testhefte hinweg gleich häufig. Dabei enthält jedes Testheft dieselbe Anzahl an Clustern und jedes Paar aus zwei Clustern tritt gemeinsam in jedem Testheft gleich häufig auf. Balanciert werden kann darüber hinaus auch nach der Position eines Clusters in einem Testheft (vgl. etwa Zelen 1954). Aufgrund der unvollständigen, aber balancierten Struktur der Testhefte in PISA kann eine große Menge von unterschiedlichen Testaufgaben an die Schülerinnen und Schüler verteilt werden. Dieses Vorgehen wird auch Multi-Matrix-Design genannt (vgl. auch Abschnitt 2.1.2). Damit wird eine Datenbasis geschaffen, die sich sehr gut zur Bestimmung von Populationsschätzwerten eignet (Gressard und Loyd 1991).

In PISA beispielsweise erhält jede Schülerin und jeder Schüler eines von insgesamt 13 Testheften (Heine et al. 2013). Jedes dieser Testhefte enthält eine unterschiedliche Auswahl an Aufgaben, die aus dem gesamten zur Verfügung stehenden Aufgabenpool stammt. Alle in PISA eingesetzten Aufgaben durchlaufen einen ausführlichen Entwicklungsprozess, der die Vergleichbarkeit und Fairness der Messinstrumente über die Grenzen der Teilnehmerstaaten hinweg ermöglichen soll (Sälzer und Prenzel 2013). Dieser Anspruch der Vergleichbarkeit ist zentral für international angelegte Studien und durchzieht daher die Arbeit an PISA von der Vorbereitung der Testaufgaben über die Übersetzung in die jeweilige Landessprache bis hin zur Durchführung der Testsitzungen sowie Kodierung (d. h. Auswertung) der Schülerlösungen. Auf diese Weise wird verhindert, dass etwa systematische Begünstigungen oder Benachteiligungen von Schülergruppen aufgrund verschiedener Faktoren wie einer besonders großen Vertrautheit mit Inhalten oder Aufgabenformaten entstehen. Deshalb beginnt der Prozess der Aufgabenentwicklung auf der Grundlage einer theoretischen Rahmenkonzeption, in der die für die unterschiedlichen Testdomänen relevanten Anforderungen aus einer internationalen Perspektive geklärt, begründet und strukturiert werden (vgl. auch Abschnitte 2.1.1 und 2.1.2). Auch die Geheimhaltung der Testaufgaben ist von enormer Bedeutung für die Vergleichbarkeit der Ergebnisse, weshalb ein ganzes Maßnahmenpaket sicherstellt, dass keine der Testaufgaben ungewollt bekannt werden. Damit in allen Teilnehmerstaaten die Schülerinnen und Schüler für ähnliche Antworten auf Testfragen auch dieselbe Auswertung erhalten, sind in PISA die Kodierungsvorschriften genau spezifiziert und standardisiert. Die Kodiererinnen und Kodierer müssen dabei jeweils entscheiden, ob die Antworten der Jugendlichen „vollständig richtig", „teilweise richtig" oder „falsch" waren und daraufhin entsprechende Punktzahlen vergeben (Sälzer und Prenzel 2013). Die Qualität und Vergleichbarkeit der Auswertungen wird anhand von stichprobenartigen Übereinstimmungsüberprüfungen abgesichert. Item für Item wird dann vom internationalen PISA-Konsortium bei einer zu geringen Übereinstimmung der Bewertung von verschiedenen Kodierern mit dem entsprechenden Staat Kontakt aufgenommen und geklärt, worauf die zu großen Diskrepanzen zurückzuführen sind. Damit alle an PISA teilnehmenden Schülerinnen und Schüler die Testaufgaben in ihrer Unterrichtssprache bearbeiten können, werden die Tests und Fragebögen nach der Aufgabenentwicklung in den Teilnehmerstaaten nach strengen Vorgaben anhand von zwei Quellversionen (englisch und französisch) übersetzt. Die Übersetzungen werden von Sprach- und Fachexperten mit den Quellversionen abgeglichen, so dass am Ende jede in den Teilnehmerstaaten eingesetzte Version in der Testsprache linguistisch und inhaltlich möglichst nah an den beiden Quellversionen ist (Sälzer und Prenzel 2013).

4.2 Skalierung der Daten

Das beschriebene Multi-Matrix-Design (vgl. etwa Abschnitt 2.1.2) ist mittlerweile insbesondere im Rahmen von internationalen Bildungsvergleichsstudien eine gängige Methode, um die Testbelastung der Schülerinnen und Schüler zumutbar zu gestalten und zugleich ein möglichst breites inhaltliches Kompetenzspektrum abzudecken. Jeder Schüler, der an PISA teilnimmt, erhält in seinem ihm zugewiesenen Testheft lediglich eine Teilmenge aller Aufgaben. Damit die Ergebnisse aus den unterschiedlichen Testheften miteinander verglichen werden können, müssen die Leistungen der Schülerinnen und Schüler auf einer gemeinsamen Skala abgebildet werden. Eine Möglichkeit hierfür bietet das Rasch-Modell (vgl. Kapitel 3), anhand dessen man die Verteilung der von den Schülern erbrachten Leistungen abbilden kann (Heine et al. 2013). In allen bisherigen PISA-Erhebungsrunden wurden drei Kompetenzbereiche, sogenannte Domänen, erhoben: Lesekompetenz, mathematische Kompetenz sowie naturwissenschaftliche Kompetenz. Diese Kompetenzbereiche werden im Rahmen des Rasch-Modells als einzelne Dimensionen beschrieben (Sälzer und Prenzel 2013).

Die Abbildung von Schülerleistungen, die anhand verschiedener Testhefte mit je einer Teilmenge aller vorhandenen Testaufgaben erfasst werden, auf einer gemeinsamen Skala wird als *Skalierung* bezeichnet (vgl. etwa Hartig 2007). Weil die Aufgaben in den Testheften der Schülerinnen und Schüler unterschiedlich schwierig sind, genügt es nicht, einfach die Anzahl der gelösten beziehungsweise nicht gelösten Aufgaben für die Ermittlung der Kompetenz der Testteilnehmer heranzuziehen. Für einen fairen und objektiven Vergleich der Kompetenzen zwischen Gruppen von Schülerinnen und Schülern (z. B. in verschiedenen Staaten oder zwischen Mädchen und Jungen) muss die jeweilige Schwierigkeit der unterschiedlichen vorgelegten Aufgaben berücksichtigt werden (Heine et al. 2013). Bei der Berechnung beziehungsweise Schätzung eines individuellen Kompetenzwerts anhand der gelösten und nicht gelösten PISA-Aufgaben wird im Rahmen von PISA das Rasch-Modell als Methode der Skalierung herangezogen und in diesem Rahmen die Aufgabenschwierigkeit einbezogen. Dabei kann davon ausgegangen werden, dass ein Schüler, der viele Aufgaben gelöst hat, eine hohe Fähigkeit besitzt und eine Aufgabe, die häufig (also von vielen Schülern) gelöst wurde, eine geringe Schwierigkeit aufweist.

Die Auswertung der PISA-Daten beruht auf Antwortmodellen der *Item Response Theorie* (IRT, vgl. einführend Fischer und Molenaar 1995; Rost 2004). Der Kern dieser Modelle liegt in der Annahme einer latenten, also nicht direkt beobachtbaren, Personeneigenschaft, die mit dem beobachtbaren (manifesten) Antwortverhalten in Tests wie PISA unmittelbar zusammenhängt. Ob eine Person die ihr vorgelegten Aufgaben lösen kann oder nicht, geht auf ihre Kompetenz zurück, die auch als Personenfähigkeit bezeichnet wird. Am Beispiel der Schwerpunktdomäne in PISA 2012, der mathematischen Kompetenz, bedeutet dies: Die Ausprägung der latenten Variable „mathematische Kompetenz" bei einem Schüler oder einer Schülerin ist dafür verantwortlich, wie wahrscheinlich es ist, dass sie oder er eine Aufgabe mit bestimmter Schwierigkeit löst. Eine schwierige Aufgabe wird von sehr fähigen Schülern mit einer höheren Wahrscheinlichkeit gelöst als von weniger fähigen Schülern. Wenn eine Schülerin oder ein Schüler genauso fähig ist wie die Aufgabe schwierig ist, so beträgt die Lösungswahrscheinlichkeit 50 Prozent (Strobl 2012). Insofern hängen die Ausprägung der latenten Variablen (hier: mathematische Kompetenz) und die manifest beobachtbare Lösung von Aufgaben (unterschiedlicher Schwierigkeit) zusammen (Heine et al. 2013). Dieser Zusammenhang kann im

Rahmen der IRT mit dem Rasch-Modell mathematisch ausgedrückt werden (vgl. Abschnitt 3.3).

Das Rasch-Modell, benannt nach dem dänischen Mathematiker Georg Rasch (1960), verknüpft die latenten Eigenschaften von Personen (Personparameter) mit der Schwierigkeit der bearbeiteten Aufgabe (Itemparameter, vgl. Kapitel 3). Dabei werden ausschließlich gelöste von nicht gelösten Aufgaben unterschieden, also „richtige" von „falschen" Antworten. In PISA wird neben dieser Richtig-Falsch-Kodierung auch das teilweise richtige Bearbeiten von Aufgaben berücksichtigt. Hierzu wird eine Erweiterung des Rasch-Modells, das sogenannte *Partial-Credit*-Modell (Masters 1982), herangezogen (Heine et al. 2013). Das *Partial-Credit*-Modell greift die Idee des Rasch-Modells auf und ergänzt dieses um mehrstufige Antwortformate. So können auch teilweise richtige Antworten auf Testaufgaben in die Schätzung der Kompetenzwerte einbezogen werden. Formal ist dazu eine Zerlegung des Itemparameters im Rasch-Modell in mehrere Schwellen-Parameter notwendig, die dann das mehrstufige, ordinale (hierarchisch geordnete) Antwortformat der Items abbilden (Heine et al. 2013). Die Gleichung des *Partial-Credit*-Modells sieht demnach wie folgt aus:

$$p(X_{vi} = x) = \frac{exp((x \cdot \theta_v) - \sigma_{ix})}{\sum_{s=0}^{m} exp((s \cdot \theta_v) - \sigma_{is})}, \quad x \in \{0, 1, \ldots, m\}$$

Diese Modellgleichung drückt die Wahrscheinlichkeit aus, eine bestimmte Antwortkategorie x zu wählen. Diese Wahrscheinlichkeit ist eine Funktion mehrerer Variablen: der Ausprägung der latenten Eigenschaft (θ, Theta), der Anzahl der vorgegebenen Antwortkategorien beziehungsweise Schwellen (s), der Summe aller möglichen Schwellenparameter σ_{is} bis zur tatsächlich gewählten Kategorie x aus $m+1$ möglichen Kategorien (Heine et al. 2013). Der Index v steht dabei für die Person, i für die Aufgabe. Die vorgegebenen Antwortkategorien sind dabei aufsteigend von 0 bis m kodiert. Wenn m gleich 1 ist und es demnach im *Partial-Credit*-Modell lediglich richtige und falsche (nicht aber teilrichtige) Antworten gibt, entspricht das *Partial-Credit*-Modell dem Rasch-Modell. In diesem Sinne ist das *Partial-Credit*-Modell eine Generalisierung des Rasch-Modells. Für die Auswertung der PISA-Tests ist dies insofern relevant, weil sowohl zweistufige („richtig/falsch") als auch mehrstufige („richtig/teilweise richtig/falsch") Aufgaben gleichzeitig für die Skalierung verwendet werden können (Heine et al. 2013).

4.3 Schätzung von Parametern im Rasch-Modell

Die Kompetenz der an PISA teilnehmenden Schülerinnen und Schüler wird anhand ihrer Antworten auf die Testfragen, d. h. der beobachtbaren Daten, geschätzt.

Schätzen heißt, dass sogenannte Parameter[1] oder Maßzahlen bestimmt werden, die anhand des zugrunde gelegten Testmodells (etwa dem Rasch-Modell) die Wahrscheinlichkeit für das Auftreten der beobachteten Datenmatrix maximieren (Heine et al. 2013). Das bedeutet, dass eine möglichst gute Passung zwischen den latenten geschätzten Kompetenzen der Schülerinnen und Schüler und dem Abbild ihrer Antworten auf die PISA-Fragen (d. h. der beobachteten Datenmatrix) angestrebt wird. So kann letzten Endes von den gegebenen Antworten im Test auf die latente Fähigkeit der Schülerinnen und Schüler bzw. auf die Schwierigkeit der Testaufgaben geschlossen werden. Umgekehrt heißt das, dass in probabilistischen Testmodellen im Allgemeinen und beim Rasch-Modell im Besonderen die Annahme gilt, dass die beiden zentralen Parameter (Aufgabenschwierigkeit = Itemparameter σ; Personenfähigkeit = Personenparameter θ) das Antwortverhalten der Testteilnehmer erklären. Antwortverhalten meint hier die Reaktion der Schülerinnen und Schüler auf die gestellten Testaufgaben (für Details zu verschiedenen Schätzverfahren vgl. Bortz und Schuster 2010; Heine et al. 2013). Als Ergebnis des Schätzvorgangs zur Bestimmung der Modellparameter im Rahmen der IRT resultieren üblicherweise sogenannte Punktschätzer, also diejenigen Werte für die Modell-Parameter, welche die Wahrscheinlichkeit für die beobachteten Daten unter der Annahme eines ausgewählten Antwortmodells am wahrscheinlichsten werden lassen (Heine et al. 2013; Rost 2004).

Neben den im letzten Absatz erwähnten Punktschätzungen für die Ausprägung der Personeneigenschaft (in PISA: Kompetenz) der Schülerinnen und Schüler werden im Rahmen von PISA sogenannte *Plausible Values* zur Bestimmung der Populationsschätzwerte für die drei untersuchten Domänen (Mathematik, Lesen, Naturwissenschaften) verwendet (Mislevy 1991; Mislevy et al. 2005). Ein Problem bei den Punktschätzungen ist nämlich häufig, dass beispielsweise Mittelwertsunterschiede zwischen Gruppen (etwa Jungen und Mädchen) nicht unverfälscht geschätzt werden können, da sie durch Messfehler auf Personenebene verzerrt sind (Heine et al. 2013). Im Vergleich zu den Punktschätzungen haben *Plausible Values* den Vorteil, dass man für einen zu schätzenden Parameter nicht einen einzigen Schätzwert, sondern vielmehr eine (Wahrscheinlichkeits-)Verteilung aller möglichen, plausiblen (Schätz-)Werte für diesen Parameter erhält. Dies wird erreicht, indem zunächst eine A-posteriori-Verteilung (d. h. auf Basis der beobachtbaren Schülerantworten) der geschätzten Parameter der jeweiligen Domäne auf der Grundlage der Schülerantworten auf die Testaufgaben modelliert wird. Nachdem diese Verteilung festgelegt ist, werden zufällig *n* Werte gezogen – die sogenannten *Plausible Values* (oft mit PVs abgekürzt). In PISA 2012 wurden aus den Verteilungen der geschätzten Parameter zufällig jeweils fünf *Plausible Values* gezogen. Für

---

[1] Parameter oder Maßzahlen sind charakteristische Eigenschaften, die etwa im Bereich Mathematik oder Statistik der Beschreibung von Stichproben oder Verteilungen dienen. Unterschieden werden beispielsweise Lage- und Streuungsparameter, wobei Lageparameter die Lage der Stichprobenelemente in Bezug auf eine Skala beschreiben. Beispiele für Lageparameter sind etwa das arithmetische Mittel, der Modus oder Quantile. Streuungsparameter werden für die Beschreibung von Verteilungen um einen Mittelwert verwendet, wie z. B. die Standardabweichung oder die Varianz.

4.3 Schätzung von Parametern im Rasch-Modell

Datenauswertungen, die mit *Plausible Values* arbeiten (in PISA grundlegend die Bestimmung der durchschnittlichen Kompetenz aller fünfzehnjährigen Schülerinnen und -schüler) werden zunächst alle Analysen fünfmal, mit jedem PV einzeln, durchgeführt und die Ergebnisse anschließend gemittelt. Details hierzu sind dem zuletzt veröffentlichten PISA *Data Analysis Manual* zu entnehmen (OECD 2009b).

Mit diesen PVs erfolgen dann die Datenauswertungen, aus denen beispielsweise die Mittelwerte und Standardabweichungen der Kompetenzen resultieren. Die PVs sind in der Regel normiert, d. h. es wird ein relativer Nullpunkt festgelegt. Die Messung der Itemschwierigkeit ist damit eine relative Messung (Koller et al. 2012), die sich auf einen beliebig gewählten Bezugspunkt ausrichtet. Dafür kann entweder einer beliebigen Aufgabe aus dem Test die Schwierigkeit 0 zugewiesen werden und alle weiteren Aufgaben sind im Verhältnis zu dieser Referenzaufgabe einfacher oder schwieriger, oder man führt eine Summe-Null-Normierung durch und bestimmt alle Itemschwierigkeiten so, dass die Summe und damit der Mittelwert 0 beträgt. Dabei erhalten alle Aufgaben, die einfacher als der Mittelwert der untersuchten Aufgaben sind, einen negativen Wert und Aufgaben, die schwieriger sind, entsprechend einen positiven. Dies erleichtert die Interpretierbarkeit der Aufgaben ohne inhaltliche Kenntnis der Referenzaufgabe im ersten Verfahren.

In Bezug auf die Bestimmung der Personenfähigkeit könnte man im Grunde genauso vorgehen. Allerdings übersteigt die Zahl der an Schulleistungsstudien beteiligten Personen (Schülerinnen und Schüler) mit in der Regel mehreren Tausend Teilnehmern die Zahl der insgesamt eingesetzten Aufgaben bei Weitem. Insofern würden die Parameterschätzungen für die Personenfähigkeit sehr ungenau, weil pro Person nur relativ wenige Vergleichsmöglichkeiten über die gelösten und nicht gelösten Aufgaben zur Verfügung stehen. Daher wird stattdessen für die Schätzung der Personenfähigkeit in der Regel eine sogenannte *Maximum-Likelihood*-Methode angewendet. Das Prinzip der *Likelihood*-Methode ist eine Wahrscheinlichkeitsfunktion, die für jede Ausprägung einer Variablen deren Auftretenswahrscheinlichkeit angibt. Anders ausgedrückt, besagt eine solche Funktion, wie wahrscheinlich es ist, dass beispielsweise ein Modellparameter für die Aufgabenschwierigkeit einen bestimmten Wert annimmt. Die *Maximum-Likelihood*-Schätzer gibt dazu konkret an, bei welchem Wert ein solcher Parameter sein Maximum erreicht.

Für die Schätzung von Parametern ist es hilfreich, sich zunächst zu vergegenwärtigen, wie ein Test oder Fragebogen üblicherweise konstruiert wird: Zunächst wird ein großer Pool an Testaufgaben oder Fragen entwickelt, der an einer möglichst großen Stichprobe von Personen pilotiert wird. Anhand dieser Pilotierung werden die Aufgabenparameter bestimmt und ungeeignete Aufgaben bei Bedarf aussortiert. Bevor der Test also tatsächlich zum Einsatz kommt, sind die Aufgabenparameter bereits bekannt. Die Testaufgaben werden dann dazu verwendet, die Personenparameter zu schätzen (also deren Fähigkeit zu messen). Dementsprechend gehen viele Schätzverfahren in zwei Stufen vor und schätzen zuerst die Aufgabenparameter und dann die Personenparameter. Im Zuge des Rasch-Modells wird häufig einer von drei *Maximum-Likelihood*-Ansätzen zur Schätzung der Parameter gewählt. Einzelheiten zu diesen Methoden einschließlich der entsprechenden Formeln sind an anderer Stelle nachzulesen (vgl. etwa Eid und Schmidt 2014; Strobl 2012).

4.4 Mehrdimensionale Erweiterungen des Rasch-Modells

Eine zentrale Annahme des ursprünglichen Rasch-Modells ist die Eindimensionalität der gemessenen Personenfähigkeit. Das bedeutet, dass bei der Testkonstruktion und der Zusammenstellung der Aufgaben davon ausgegangen wird, dass alle Aufgaben zusammen eine einzige Fähigkeit der befragten Personen messen und diese dann anhand der richtig oder falsch beantworteten Fragen entsprechend ihrer Fähigkeit oder Kompetenz geordnet werden können – praktisch auf einer Dimension. Allerdings entspricht dies in den wenigsten Fällen der Realität, da die meisten Tests so konstruiert werden, dass sie mehrere Themenbereiche, Kompetenzdomänen oder Interessensgebiete erfassen und damit mehrere Dimensionen abbilden. Das Rasch-Modell kann für die Schätzung der Item- und Personparameter und damit für die Skalierung solcher Tests jedoch trotzdem verwendet werden. Dafür muss es erweitert bzw. verallgemeinert werden.

Das Rasch-Modell kann auf vielfältige Weise verallgemeinert werden. Neben dem oben beschriebenen *Partial-Credit*-Modell, das eine Unterscheidung nicht nur von vollständig gelösten und nicht gelösten Aufgaben erlaubt, sondern auch die Abstufung teilweise richtiger Antworten, existieren weitere Modellerweiterungen zur Abbildung mehrerer latenter Dimensionen, die simultan gemessen werden. Die Entscheidung, ob das simple eindimensionale Rasch-Modell oder eine Erweiterung für einen Test oder einen Fragebogen angemessen ist, wird aufgrund theoretischer Annahmen getroffen. Ist beispielsweise davon auszugehen, dass die Lösung von Aufgaben oder die Antworten in einem Fragebogen nicht durch eine, sondern mehrere latente Eigenschaften erklärt werden, so eignet sich ein mehrdimensionales Rasch-Modell zur Schätzung der latenten Eigenschaften. Die im Rasch-Modell angenommene Eindimensionalität wird in diesem Fall aufgehoben. Unter mehrdimensionalen Rasch-Modellen können zwei Gruppen unterschieden werden: Modelle, die davon ausgehen, dass *pro Item genau eine latente Fähigkeit gemessen* wird (Mehrdimensionalität zwischen Items, Einfachstruktur) und Modelle, nach denen *jedes Item mehrere latente Fähigkeiten messen* kann (Mehrdimensionalität innerhalb von Items, komplexe Ladungsstruktur). Es gibt unter den mehrdimensionalen Rasch-Modellen auch solche, die beide Fälle von Mehrdimensionalität abbilden können. Ein Beispiel hierfür ist das *Multidimensional Random Coefficients Multinomial Logit Model* (MRCMLM, vgl. Adams et al. 1997).

In den meisten Schulleistungsstudien, die von einer mehrdimensionalen Erfassung von Schülerkompetenzen ausgehen, wird für jede zu erfassende Kompetenz jeweils eine eigene Dimension (latente Fähigkeit) festgelegt. Im Rahmen der PISA-Studien wird darüber hinaus mit Subdimensionen der drei wechselnden Hauptdomänen (Lesekompetenz, Mathematik und Naturwissenschaften) gearbeitet, die mehrdimensional als Subskalen oder Subdimensionen innerhalb einzelner Kompetenzbereiche modelliert werden (Blum et al. 2004; Sälzer, Reiss et al. 2013). In beiden Fällen lädt jedes Item jedoch nur auf einer Dimension. Die hier verwendeten Modelle weisen eine Einfachstruktur oder Mehrdimensionalität zwischen Items auf (vgl. Adams et al. 1997). Eine Formel für ein solches mehrdimensionales Rasch-Modell sieht wie folgt aus:

4.4 Mehrdimensionale Erweiterungen des Rasch-Modells

$$p(X_{vi} = x_{vi} | \theta_{vd}, \eta_h) = \frac{\exp\left(\sum_{d=1}^{D} a_{ixd}\theta_{vd} - \sum_{h=1}^{H} b_{ixh}\eta_h\right)}{\sum_{s=0}^{u} \exp\left(\sum_{d=1}^{D} a_{isd}\theta_{vd} - \sum_{h=1}^{H} b_{ish}\eta_h\right)}$$

Die Komplexität eines solchen mehrdimensionalen Rasch-Modells ist vor allem im Vergleich zum eindimensionalen Rasch-Modell offensichtlich. Diese Komplexität drückt sich unter anderem darin aus, dass sehr viele Parameter als Elemente der Modellgleichung geschätzt werden müssen. Die Schätzung von Parametern kann umso genauer werden, je mehr Informationen dafür zur Verfügung stehen. Das impliziert beispielsweise, dass eine große Stichprobe hilfreich ist, weil man die Informationen über die Antworten der Studienteilnehmer dann auf einer breiten Basis gewinnt. In Schulleistungsstudien wie PISA oder dem IQB-Ländervergleich umfasst die Schülerstichprobe üblicherweise mehrere Tausend Schülerinnen und Schüler, aber auch diese Größenordnung gerät ab einem gewissen Komplexitätsgrad an ihre Grenzen (Frey und Seitz 2010). Eine Möglichkeit, die noch schätzbare Parameter erlaubt, ist der Einsatz adaptiver Testverfahren; hier bekommt ein Schüler in Abhängigkeit seiner Lösung einer Aufgabe eine schwierigere oder einfachere nächste Aufgabe zugewiesen. Dies erfordert allerdings, dass der Test am Computer durchgeführt wird.

Schlussendlich hängt die Wahl des am besten geeigneten Modells wie stets in empirischen Arbeiten davon ab, welche Forschungsfrage beantwortet werden soll und welche theoretischen Annahmen hinter der zu erfassenden Kompetenz stehen. Für viele Schulleistungsvergleichsstudien wie PISA wird das eindimensionale Rasch-Modell gewählt und entsprechend der eingesetzten Tests erweitert. So wird das gewählte Modell möglichst gut an die zu messenden Kompetenzen und die dafür entwickelten Aufgaben angepasst. Bei PISA sind dies derzeit das *Partial-Credit-*Modell sowie mehrdimensionale Rasch-Modelle.

Kapitel 5
Schulleistungsstudien lesen und verstehen

Zusammenfassung Ohne Vorkenntnisse erschließen sich die Ergebnisse vieler Schulleistungsstudien oft nicht ohne Weiteres. Zudem ist die Menge an solchen Ergebnissen, die mittlerweile beinahe jährlich veröffentlicht werden, fast unüberschaubar geworden. Einige Aspekte, die für ein informiertes und verstehendes Lesen von Ergebnisberichten zu Schulleistungsstudien hilfreich sind, werden in diesem Kapitel dargelegt. Geklärt wird unter anderem, inwieweit die Schätzung von Schülerkompetenzen auf der Basis einer begrenzten Zahl bearbeiteter Testaufgaben funktionieren kann, weshalb oft keine individuellen Rückmeldungen an die Schülerinnen und Schüler möglich sind oder wie Schülerleistungen über sehr unterschiedliche Bildungssysteme hinweg miteinander vergleichbar sind.

Die Menge an Ergebnissen, die spätestens seit PISA 2000 veröffentlicht wird, ist mittlerweile praktisch unüberschaubar geworden. Zudem liegen den Analysen häufig sehr komplexe methodische Prozeduren zu Grunde, so dass ohne entsprechendes statistisches Fachwissen kaum zu beurteilen ist, inwieweit ein signifikanter Effekt, eine Interaktion oder eine identifizierte Risikogruppe für den Leser unmittelbar bedeutsam sind. Liest beispielsweise eine Lehrkraft einen Aufsatz über die neuesten PISA-Ergebnisse, so erschließt sich nicht automatisch die Bedeutung dieser Ergebnisse für ihren beruflichen Alltag oder den schulischen Unterricht. Teilweise scheinen diese Ergebnisse auch nicht zu den eigenen Erfahrungen im Unterricht, im Studium oder im Alltag zu passen. Daher ist dieses Kapitel einigen Aspekten gewidmet, die regelmäßig in Rückfragen zur Berichterstattung bei Schulleistungsstudien angesprochen werden.

5.1 Schätzung von Kompetenzen mit einer Auswahl von Aufgaben

In Kapitel 2 wurden die Testkonzeptionen und Designs der momentan in Deutschland durchgeführten großen Schulleistungsstudien vorgestellt. Der Weg von der Testkonzeption zur Schätzung von Schülerkompetenzen ist in vielen dieser Vergleichsstudien sehr ähnlich: Zunächst wird festgelegt, was mit dem Test gemessen werden soll, also wie die Kompetenzen definiert sind und wie diese strukturiert sind. Oft werden dabei Subskalen unterschieden, wie beispielsweise in PISA 2012 für die mathematische Kompetenz die vier Dimensionen Quantität, Raum und Form, Veränderung und Beziehungen sowie Unsicherheit und Daten (Sälzer, Reiss et al. 2013). Die Testaufgaben werden entsprechend dieser Definitionen der Kompetenz und ihrer Subskalen entwickelt. Der Aufgabenentwicklung zu Grunde gelegt wird zudem ein bestimmtes Messmodell wie beispielsweise das Rasch-Modell oder eine seiner Erweiterungen. Dadurch wird etwa bestimmt, ob eine Aufgabe eine oder mehrere Dimensionen einer Kompetenz messen soll.

Der PISA 2012-Mathematiktest umfasste insgesamt 110 Aufgaben, von denen jeder Schüler lediglich eine Auswahl bearbeitet hat. Daraus folgt, dass die Messung der vorab definierten mathematischen Kompetenz mit ihren Subskalen für keinen teilnehmenden Schüler vollständig ist, da kein Schüler alle Aufgaben vorgelegt bekommen hat. Deshalb ist es auch nicht sinnvoll, auf individueller Ebene eine bestimmte Ausprägung mathematischer Kompetenz zu definieren – denn diese wurde mit dem angewandten Testdesign streng genommen nicht gemessen. Vielmehr werden die Aufgaben so auf verschiedene Testhefte verteilt, dass jede Aufgabe von einer ausreichend großen Stichprobe von Schülerinnen und Schülern bearbeitet wurde. Die teilnehmenden Schüler werden bei der Auswertung ebenso wie alle eingesetzten Testaufgaben als Gesamtgruppe betrachtet, so dass alle PISA-Teilnehmer pro Staat gemeinsam alle eingesetzten Testaufgaben bearbeitet haben (aber eben nicht jeder einzelne Schüler jede Aufgabe). In Abhängigkeit vom jeweiligen Testdesign wurde folglich jede Aufgabe von einem bestimmten Anteil der Schülerstichprobe bearbeitet (z. B. von zwei Dritteln aller teilnehmenden Schülerinnen und Schüler). Auf dieser Basis wird nun aufgrund aller Aufgaben des PISA-Mathematiktests auf die durchschnittliche Kompetenz aller Schülerinnen und Schüler der PISA-Stichprobe eines Staates geschlossen – und damit deren Kompetenz letztlich geschätzt. Dieser Ansatz funktioniert explizit nur auf der Ebene der Gesamtstichprobe und nicht auf der Ebene des einzelnen Schülers. Zwar werden, wie in Kapitel 4 beschrieben, jedem Schüler fünf *Plausible Values* zugewiesen; diese dienen jedoch der korrekten Datenauswertung und dürfen beispielsweise vorab nicht gemittelt werden, sondern müssen einzeln in die Analyseprozesse einbezogen werden. Zusammengefasst werden also nicht individuelle Kompetenzen gemessen, sondern die Testaufgaben so auf alle Schülerinnen und Schüler verteilt, dass jede Aufgabe von einem gewissen, ausreichend großen Teil der Stichprobe bearbeitet wird und anschließend wird auf dieser Datenbasis die mittlere Kompetenz für die Gesamtstichprobe geschätzt.

5.2 Individuelle Rückmeldung an Schulen und Schüler

Aus denselben Gründen wie in Kapitel 5.1 beschrieben, können in den meisten Schulleistungsvergleichsstudien keine individuellen Rückmeldungen an die teilnehmenden Schülerinnen und Schüler erfolgen. Denn einzelne Schüler erzielen keine Punktzahl auf einer Kompetenzskala im eigentlichen Sinne, sondern aus einer angenommenen Verteilung werden pro Schüler fünf *Plausible Values* gezogen (Heine et al. 2013), anhand derer die Daten analysiert werden. Die Ergebnisse dieser Analysen beziehen sich stets auf die Ebene der Stichprobe und lassen keine Rückschlüsse auf individuelles Abschneiden der Schülerinnen und Schüler zu. Eine Möglichkeit, individuelle Rückmeldungen zu den Leistungen der Jugendlichen zu geben, ist das sogenannte adaptive Testen am Computer (vgl. etwa Frey und Seitz 2010). Bei dieser Testkonzeption erhält ein Schüler die jeweils nächste Aufgabe in Abhängigkeit davon zugewiesen, ob er die vorherige Aufgabe korrekt oder falsch beantwortet hat. Bei korrekter Antwort ist nächste Aufgabe schwieriger, bei falscher Antwort einfacher. In PISA 2015 werden die Aufgaben erstmals vollständig am Computer administriert (noch ohne adaptives Testen), so dass möglicherweise bereits in PISA 2018 ein adaptives Testen und damit auch individuelle Rückmeldungen an die Schülerinnen und Schüler zumindest machbar sein könnten. In jedem Fall ist adaptives Testen erst dann möglich, wenn die Leistungstests computerbasiert durchgeführt werden, da nur so die Flexibilität gegeben ist, einer Aufgabe je nach Schülerantwort eine einfachere oder eine schwierigere folgen zu lassen.

5.3 Ergebnisse in Abhängigkeit der gezogenen Schüler

Die Ergebnisse aus Schulleistungsvergleichsstudien beruhen zumeist auf repräsentativen Schülerstichproben. Die Population, auf die dabei jeweils geschlossen wird, wird vorab definiert. In PISA ist dies beispielsweise in jedem teilnehmenden Staat die Alterskohorte der Fünfzehnjährigen, die eine Schule der Sekundarstufe besuchen. In Deutschland umfasste diese Population der Fünfzehnjährigen in Schulausbildung bei der aktuell letzten abgeschlossenen PISA-Runde 2012 knapp 800.000 Schülerinnen und Schüler (Sälzer und Prenzel 2013). An diesem PISA-Test nahmen 5.001 fünfzehnjährige Schülerinnen und Schüler teil, die über Deutschland und die vorliegenden Schulformen der Sekundarstufe so verteilt waren, dass die Population repräsentativ abgebildet wird. Um dies zu erreichen, wird die Stichprobe in PISA (wie auch in vielen anderen Bildungsvergleichsstudien) in einem genau vorgeschriebenen mehrstufigen Ziehungsverfahren ausgewählt. Mit Hilfe der statistischen Landesämter wird dazu als erstes eine vollständige Liste aller Schulen in Deutschland erstellt, die potenziell von fünfzehnjährigen Schülerinnen und Schülern besucht werden. Diese Liste stellt die Grundgesamtheit (Population) der Schulen dar, aus der die teilnehmenden Schulen zufallsbasiert gezogen werden. Diese Grundgesamtheit wird in einem zweiten Schritt nach Bundesland unterteilt. Eine solche Unterteilung wird Stratifizierung (Schichtung) genannt und jedes Bundesland ist dabei ein

Stratum. Innerhalb jedes Bundeslandes (Stratum) erfolgt eine weitere Unterteilung nach jeweils existenten Schulen der Sekundarstufe. Die einzige solche Schulform, die in allen 16 Bundesländern existiert, ist das Gymnasium. Daneben gibt es eine oder mehrere weitere allgemeinbildende Schulen, nach denen ebenfalls stratifiziert wird. Auf diese Weise wird sichergestellt, dass zum einen alle Bundesländer und zum anderen alle dort jeweils vorhandenen Schulformen in dem Anteil gezogen werden, wie es die Repräsentativität erfordert. Wie viele Schulen pro Bundesland gezogen werden müssen, wird anhand des Anteils an Fünfzehnjährigen in den Bundesländern bestimmt sowie anhand der jeweils vorhandenen allgemeinbildenden Schularten. Die Besonderheit des deutschen Schulsystems mit Förderschulen und beruflichen Schulen wird berücksichtigt, indem diese beiden Schularten jeweils ein eigenes Stratum erhalten. In anderen Staaten, die beispielsweise keine gesonderten Förderschulen für Jugendliche mit sonderpädagogischem Förderbedarf haben, werden die betreffenden Schülerinnen und Schüler in den von ihnen besuchten Schulformen mitgetestet. Innerhalb der Schulen, die in die Stichprobe gezogen wurden, wird anschließend eine Zufallsstichprobe fünfzehnjähriger Schülerinnen und Schüler gezogen. Da die Stichprobe altersbasiert und damit jahrgangsstufenunabhängig ist, besuchen die PISA-Teilnehmer in Deutschland (und anderen Teilnehmerstaaten) unterschiedliche Klassenstufen. In Deutschland variiert die Jahrgangsstufe von Klasse 7 bis Klasse 11, wobei die meisten Fünfzehnjährigen in PISA 2012 die Klassenstufe 9 besuchten oder die Klassenstufe 10.

Eine Frage, die in diesem Zusammenhang regelmäßig aufkommt, ist, ob die Ergebnisse aus PISA oder anderen Studien nicht stark davon abhängen, welche Schüler in die Stichprobe gezogen worden sind. Da die Auswahl zufallsbasiert stattfindet, kann es bei einzelnen Schulen dazu kommen, dass beispielsweise vorwiegend Schülerinnen und Schüler aus den Klassen 7, 8 und 9 gezogen werden, während an anderen Schulen Fünfzehnjährige aus den Klassen 8, 9, 10 und 11 in der Stichprobe sind. Bei so umfangreichen Stichproben wie in PISA gleichen sich solche Verteilungen jedoch auf die Gesamtstichprobe gesehen zuverlässig aus. Die Repräsentativität der Stichprobe, die durch das genau vorgegebene Ziehungsverfahren gesichert wird, führt auch dazu, dass die Ergebnisse eines Teilnehmerstaates mit sehr hoher Wahrscheinlichkeit nicht anders ausgefallen wären, wenn andere Schulen bzw. andere Schüler gezogen worden wären. Dabei hilft beispielsweise die Stratifizierung, da diese Unterteilung der Population nach Bundesland und Schulform sicherstellt, dass bei einer Wiederholung der Ziehung etwa statt eines Gymnasiums in Nordrhein-Westfalen ein anderes Gymnasium in Nordrhein-Westfalen gezogen wird und nicht eine Mittelschule in Sachsen. Ein Maß zur Kontrolle solcher möglicher Verzerrungen wegen der Auswahl der Stichprobe sind die Standardfehler, die üblicherweise in der PISA-Berichterstattung mit angegeben werden (vgl. etwa Sälzer, Reiss et al. 2013). Der Standardfehler gibt an, wie wahrscheinlich man ein anderes Ergebnis erhalten hätte, wenn man eine andere Stichprobe aus derselben Population gezogen hätte. Je größer also der Standardfehler ist, desto höher ist die mögliche Verzerrung der Ergebnisse. Der stets sehr geringe Betrag der Standardfehler in PISA belegt, dass nicht davon auszugehen ist, dass die Ziehung einer anderen

Stichprobe nach den Regeln der Repräsentativität zu anderen Ergebnissen führen würde.

5.4 Vergleichbarkeit der Kompetenzen über Staaten und Bildungssysteme hinweg

Die Vergleichbarkeit von Schülerkompetenzen über mehrere Staaten und Kulturräume hinweg ist häufig Thema in Diskussionen zum Thema Bildung und Kompetenzmessung. In Frage gestellt werden dabei vorwiegend die Aspekte der unterschiedlichen Sprachen, Curricula, kulturellen Anforderungen sowie unterschiedlicher Bildungssysteme. All diesen Aspekten wird bei der Vorbereitung und Konzipierung internationaler Bildungsvergleichsstudien Rechnung getragen. Auch die Verwendung des Rasch-Modells bzw. seiner Erweiterungen trägt im Rahmen von internationalen Schulleistungsstudien zur Vergleichbarkeit der Ergebnisse bei.

Unterschiedliche Sprachen. Am Beispiel von PISA beginnt die Arbeit an der Vergleichbarkeit bereits bei der Ausarbeitung der theoretischen Rahmenkonzeption für die zu messenden Kompetenzen (OECD 2013a), die einen Konsens international besetzter Expertengremien darstellt. Auf der Basis dieser Rahmenkonzeption werden Aufgaben für die späteren Tests entwickelt, woran sich neben Fachexperten aus den Teilnehmerländern beispielsweise auch nationale Projektmanager beteiligen können. Während der Entwicklungsphase sorgen ausführliche Begutachtungsrunden durch die Teilnehmerländer dafür, dass die Relevanz und Angemessenheit der Aufgaben für die Zielgruppe der untersuchten Schüler angemessen ist, dass keine Schülergruppen systematisch benachteiligt oder bevorteilt werden und dass es keine kulturell bedingten Bedenken gegen die Aufgaben gibt. Dies heißt, dass die Aufgaben, die es überhaupt in den Test schaffen, auf ihrem Weg dorthin vielfach begutachtet und überarbeitet sowie gegebenenfalls in Teilen auch verworfen wurden. Ist eine Aufgabe inhaltlich fertig, werden als Ausgangsbasis für die Übersetzung in die jeweiligen Testsprachen der Schülerinnen und Schüler zwei linguistisch äquivalente Quellversionen auf Englisch und Französisch erstellt. Anhand dieser beiden Quellversionen fertigen die Teilnehmerstaaten jeweils zwei unabhängige Übersetzungen an, die von einer dritten Person begutachtet und zusammengeführt werden. Diese zusammengeführte Version wird einer abschließenden sprachlichen Verifikation auf internationaler Ebene unterzogen. So wird zum einen die sprachliche Vergleichbarkeit der Aufgaben gewährleistet und zum anderen sichergestellt, dass die Regeln für die Übersetzung der Aufgaben (z. B. dass die Informationen im Stimulustext einer Aufgabe in allen Sprachen möglichst in derselben Reihenfolge dargeboten werden müssen) eingehalten wurden. Zugleich ist zu berücksichtigen, dass verschiedene Sprachen unterschiedlich funktionieren. So kann es sein, dass beispielsweise ein direkter Vergleich von PISA-Testheften in chinesischer und deutscher Sprache durchaus Unterschiede in der Reihenfolge der gegebenen Informationen aufzeigt. Diese Unterschiede sind jedoch nach dem ausführlichen Entwicklungs- und Übersetzungsprozess dem Anspruch geschuldet, dass die an PISA teilnehmenden

Schülerinnen und Schüler in ihrer jeweiligen Unterrichtssprache und insbesondere auch in ihrem üblichen Sprachgebrauch mit den PISA-Aufgaben konfrontiert werden sollen. Erfordert dieser Sprachgebrauch Abweichungen von der Quellversion, so müssen diese gut begründet und in der Pilotstudie auch überprüft werden. Stellt sich dann heraus, dass eine Aufgabe aufgrund sprachlicher Unterschiede einzelne Sprachgruppen benachteiligt oder bevorzugt, so muss die Übersetzung angepasst oder die Aufgabe aus dem Test gestrichen werden. Ein Beispiel für solche in Kauf zu nehmenden Unterschiede ist etwa die in PISA häufig verwendete fiktive Währung „Zed", die etwa im Englischen und Deutschen einfach als Einheit hinter Geldbeträgen in den Testaufgaben erscheint. Im Chinesischen hingegen steht neben dem Zeichen für „Zed" stets auch ein Zeichen für „Geld" – was man als Vorteil für Schülerinnen und Schüler mit chinesischen Testheften werten könnte. Führt man sich jedoch vor Augen, dass die chinesische Sprache anders als die Deutsche über die Nennung von Konzepten oder Kontexten funktioniert, welche die Bedeutung eines Schriftzeichens erst erschließen lassen, so wird klar, dass chinesischsprachige PISA-Teilnehmer einen Nachteil hätten, wenn ihnen der in ihrer Sprache übliche Kontext („Geld") vor dem Zeichen für „Zed" nicht angegeben würde. „Zed" hätte dann schlicht keine Bedeutung.

Unterschiedliche Curricula. Dass in internationalen Vergleichsstudien verschiedene, teils sehr unterschiedliche Curricula in den teilnehmenden Staaten gelten, wird je nach Studie unterschiedlich gehandhabt. Während PISA explizit keine curriculare Validität anstrebt und demnach nicht misst, inwieweit die Anforderungen bestimmter Lehrpläne erfüllt worden sind, greift etwa TIMSS die Curricula der Teilnehmerstaaten explizit auf und berücksichtigt diese in der Auswertung der Daten durch nationale Lehrplanexperten (vgl. etwa Mullis, Martin, Foy et al. 2012). Gerade in den Kompetenzbereichen Mathematik und Naturwissenschaften zeichnete sich im Zuge der Vorbereitungen für TIMSS rasch ab, dass sich die Curricula der teilnehmenden Staaten in wesentlichen Teilen deckten und dass zuverlässige Testungen auch bei umfangreichen Stichproben realisiert werden konnten (Beaton et al. 1996). PISA wurde hingegen als eigenes Konzept entwickelt und strebt im Gegensatz zu TIMSS an zu überprüfen, inwieweit Schülerinnen und Schüler gegen Ende ihrer Pflichtschulzeit dazu fähig sind, unter anderem mathematische und naturwissenschaftliche Kompetenzen in gegebenen Aufgabenstellungen anzuwenden, die sich bewusst von traditionellen Schulbuchaufgaben abheben und alltägliche Problemsituationen schildern (Sälzer und Prenzel 2013). Die bereits erwähnte theoretische Rahmenkonzeption ist statt nationaler Curricula der Bezugspunkt der Kompetenzmessung in PISA und definiert den oben beschriebenen Begriff der *Literacy*, der für eine funktionale Grundbildung steht (vgl. Abschnitt 2.1.1). Indem sich die beteiligten Staaten bzw. eine Expertendelegation auf einen gemeinsamen Grundbildungsbegriff einigen und diesen in den erfassten Kompetenzbereichen (etwa Mathematik, Lesekompetenz und Naturwissenschaften) strukturieren und in Aufgaben übersetzen, werden unterschiedliche Curricula zwar implizit berücksichtigt, sind aber nicht handlungsleitend. Insofern wird die Vergleichbarkeit der gemessenen Kompetenzen über Staaten hinweg über eine Konsensbildung hergestellt, die für jede PISA-Erhebungsrunde

5.4 Vergleichbarkeit der Kompetenzen über Staaten und Bildungssysteme hinweg 69

unter Bezug auf bestehende Rahmenkonzeptionen aufs Neue angestoßen und ausgehandelt wird.

Unterschiedliche kulturelle Anforderungen. Ein grundlegendes Merkmal internationaler Vergleichsstudien ist die Vielfalt der beteiligten Staaten und damit auch kulturell unterschiedliche Rahmenbedingungen sowohl für den Kompetenzerwerb als auch für den Stellenwert der Studien in Politik und Schule. So obliegt es den beteiligten Staaten, die Teilnahme der gezogenen Schulen und Schüler als verpflichtend festzulegen oder nicht. Zugleich gelten jedoch für alle teilnehmenden Staaten gleichermaßen verbindliche Standards der Stichprobenziehung, Studiendurchführung und Datenaufbereitung, so dass Unterschiede im Grad der Verbindlichkeit der Teilnahme auf dieser Ebene ausgeglichen werden. Dazu gehört beispielsweise die Regel, dass genau die zufallsbasiert gezogenen Schülerinnen und Schüler am PISA-Test teilnehmen und keine Ersatzschüler. Die Einhaltung dieser Regel wird in mehreren Schritten bei der Aufbereitung der Daten überprüft. Ihre Verletzung kann am Ende zum Ausschluss eines Staates aus dem internationalen PISA-Datensatz führen. Auf Schulebene werden im Zuge der Stichprobenziehung für jede Schule eine bis zwei Ersatzschulen aus demselben Stratum (Bundesland und Schulform) gezogen, die bei zwingenden Argumenten für den Ausfall der Schule nachrücken. Solche Nachrückungen müssen jedoch ausführlich begründet und vom internationalen Konsortium genehmigt werden. Darüber hinaus führen spezifisch geschulte Testleiterinnen und Testleiter die Schülerinnen und Schüler anhand eines Skriptes international streng standardisiert durch die Testsitzung und nehmen keinerlei Einfluss auf die Testmotivation der Jugendlichen. Gegebenenfalls anwesende Aufsichtslehrkräfte sind angehalten, nicht durch die Reihen zu gehen und den Schülerinnen und Schülern über die Schulter zu schauen, um deren Bearbeitungsverhalten nicht zu beeinflussen. Da PISA-Aufgaben aus vergangenen Erhebungsrunden kontinuierlich auf der Website der OECD veröffentlicht werden, können sich Schülerinnen und Schüler sowie deren Lehrkräfte mittlerweile gezielt mit den in PISA eingesetzten Aufgabenformaten vertraut machen. Inwieweit sie dies tun und möglicherweise auch Schulunterricht dafür nutzen, bleibt den Lehrkräften überlassen. Indem die theoretische Rahmenkonzeption der jeweiligen Hauptdomäne in PISA grundlegend überarbeitet wird, um dem Anspruch der Grundbildungsidee gerecht zu werden, unterscheiden sich auch die neu entwickelten Aufgaben teilweise gegenüber früher entwickelten Aufgaben. Zudem ist PISA kein sogenannter gespeedeter Test ist, d. h. die Aufgaben werden nicht unter Zeitdruck bearbeitet, sondern die Bearbeitungszeit ist anhand einer Pilotierungsstichprobe im Vorfeld so bemessen, dass die Schülerinnen und Schüler ausreichend Zeit zum Lösen haben. Selbstverständlich ist die Vergleichbarkeit solcher Kompetenzmessungen nicht grenzenlos, aber ihre Beeinträchtigung aufgrund kulturell unterschiedlicher Rahmenbedingungen kann anhand klarer und systematischer Verfahrensregeln entscheidend abgesichert werden.

Unterschiedliche Bildungssysteme. Deutschland ist einer von relativ wenigen Staaten weltweit, dessen Bildungssystem aktuell spezielle Sonder- und Förderschulen aufweist. Überhaupt scheinen eingliedrige und mehrgliedrige Bildungssysteme grundlegend unterschiedlich zu sein, was deren Vergleichbarkeit hin und wieder fraglich wirken lässt. Während in mehrgliedrigen Systemen eine leistungsbasierte

Aufteilung der Schülerkohorten zu unterschiedlichen Zeitpunkten in verschiedenen Staaten stattfindet, lernen die Schülerinnen und Schüler in nicht differenzierenden Bildungssystemen bis zum Ende der Pflichtschulzeit in gemeinsamen Lerngruppen. Die Unterschiedlichkeit der Bildungssysteme wäre in Bezug auf die Vergleichbarkeit zwischen Staaten tatsächlich ein Problem, wenn beispielsweise Schülerinnen und Schüler mit sonderpädagogischem Förderbedarf nur dann mitgetestet werden würden, wenn sie in separaten Schulformen unterrichtet werden. Deshalb wird in internationalen Bildungsvergleichsstudien wie PISA zunächst eine Untersuchungspopulation bestimmt, die dann repräsentativ abgebildet wird. Zur Beschreibung der Kriterien, für die die Repräsentativität gelten soll, gehört unter anderem auch der sonderpädagogische Förderbedarf. In jedem Teilnehmerstaat wird erfasst, wie hoch der Anteil an Schülern mit sonderpädagogischem Förderbedarf in der zu untersuchenden Kohorte ist und wie hoch dieser Anteil dementsprechend in der gezogenen Stichprobe sein muss. Sind Schüler mit sonderpädagogischem Förderbedarf in separaten Schulen zu finden, so werden so viele Sonder- oder Förderschulen in die Stichprobe gezogen, wie es dem Anteil der Alterskohorte mit Förderbedarf entspricht. Sind diese Schüler an Regelschulen untergebracht, so wird die Verteilung der Schüler mit sonderpädagogischem Förderbedarf auf diese Schulen bei der Ziehung berücksichtigt und beispielsweise durch Stratifizierung gesichert, dass ausreichend viele Schülerinnen und Schüler mit Förderbedarf in die Stichprobe gezogen werden.

Blickt man beispielsweise bei PISA 2012 in die Vergleichstabelle mit der Übersicht über die von den Fünfzehnjährigen besuchten Jahrgangsstufen zum Zeitpunkt des PISA-Tests, so zeigt sich, dass die Modalklasse (also die Klasse, die je Staat von der Mehrheit der Fünfzehnjährigen besucht wird) nicht einheitlich ist (Sälzer, Prenzel et al. 2013). Im OECD-Durchschnitt besucht die Mehrheit der Alterskohorte die Jahrgangsstufe 10, allerdings in zahlreichen OECD-Staaten auch erst die Jahrgangsstufe 9 oder bereits die Stufe 11. Dies hängt logischerweise mit dem Einschulungsalter und daher auch mit der Definition der Schulstufen ab. In Staaten mit einem Kindergartenobligatorium zählt beispielsweise schon der Besuch eines oder zweier Kindergartenjahre als Schulpflicht und damit als Jahrgangsstufe, während in anderen Staaten die Schulzeit faktisch *nach* dem Kindergarten oder der Vorschule in der Primarstufe beginnt (im OECD-Durchschnitt mit 6 Jahren, vgl. OECD 2013b). Insofern sind die Angaben zur besuchten Jahrgangsstufe zwar vergleichbar, jedoch muss wie stets die hinter diesen Zahlen verborgene Komplexität ihrer Entstehung beachtet werden. Das heißt, die Vergleichbarkeit von Indikatoren in internationalen Bildungsstudien ist nicht ohne vertiefte Kenntnisse ihrer Entstehung und Zusammenhänge gegeben. Bleibt ein Vergleich solcher Indikatoren auf der Ebene der Zahlen und Rangfolgen, so ist er nicht viel wert. Er wird erst dann sinnvoll, wenn die Indikatoren als Resultat verschiedener Rahmenbedingungen und Nutzungsprozesse wie bildungspolitischer Entscheidungen, schulischer Regelungen oder Bildungsentscheidungen eingeordnet werden.

Rasch-Modell. Neben den genannten Kriterien, die die Vergleichbarkeit der Kompetenzmessung über verschiedene Staaten hinweg ermöglichen und absichern sollen, spielt auch das Rasch-Modell mit seinen Annahmen und Eigenschaften eine

Rolle. So dient es etwa bereits im Prozess der Aufgabenentwicklung als Grundlage, indem die Testaufgaben so gestaltet werden, dass je nach gewähltem Modell eine oder mehrere konkrete, vorab definierte Kompetenzdimensionen erfasst werden. Das Rasch-Modell dient schlussendlich der Überprüfung der Fairness standardisierter Leistungstests (vgl. Kapitel 3.1) und nach der Pilotierung mit einer Stichprobe aus der Zielpopulation werden alle Aufgaben aus dem Test gestrichen, die nicht Rasch-Modell-konform sind. Rasch-Modell-konform sind Aufgaben dann, wenn sie die Annahme erfüllen, dass die Kompetenz einer Person sich anhand ihrer Fähigkeit sowie der Schwierigkeit der gestellten Testaufgaben beschreiben lässt (Rasch 1960). Eine besonders fähige (kompetente) Person muss schwierige Aufgaben folglich mit einer höheren Wahrscheinlichkeit lösen können als eine weniger fähige Person. In einigen Erweiterungen des Rasch-Modells können auch Zufallskomponenten wie etwa zufällig richtige Lösungen durch Glück beim Raten oder Flüchtigkeitsfehler berücksichtigt werden (vgl. etwa Can und Stokes 2008; Woods 2008; Yen 1984).

Indem die Aufgaben in internationalen Bildungsvergleichsstudien vor dem eigentlichen Einsatz im Feld, d. h. etwa in der Haupterhebung zu PISA oder TIMSS, bereits mit einer großen Stichprobe pilotiert werden, können die Aufgaben hinsichtlich ihrer Passung auf das Rasch-Modell überprüft werden. Aufgaben, die nicht fair sind, also einzelne Schülergruppen systematisch benachteiligen, werden daraufhin entweder aus dem Test entfernt oder entsprechend modifiziert. Wenn sich beispielsweise zeigt, dass eine Aufgabe zum Thema Gezeitenkraftwerke Schülerinnen und Schülern aus einzelnen Staaten besonders schwer gefallen ist und innerhalb dieser Staaten eine deutlich andere Verteilung der richtigen und falschen Lösungen vorliegt als in den anderen Staaten, so kann dies ein Hinweis darauf sein, dass die Aufgabe kulturell nicht unabhängig ist. Auch innerhalb der sogenannten *Units*, also eines Aufgabenstamms und mehrerer dazugehöriger Fragen, müssen die einzelnen Fragen voneinander unabhängig sein. Ein Schüler, der die erste Frage zu einem Aufgabenstamm nicht beantworten konnte, muss die folgenden Fragen dennoch lösen können. Am Ende verbleiben nur solche Aufgaben im Test, die fair sind, voneinander unabhängige Fragen enthalten und für die gilt, dass kompetentere (fähigere) Schüler schwierige Aufgaben eher lösen können als weniger kompetente Schüler. Damit sind die Grundannahmen des Rasch-Modells erfüllt und auf statistischer Ebene kann die Vergleichbarkeit der Schülerleistungen auch über verschiedene Staaten hinweg als abgesichert gelten.

5.5 *Teaching to the Test*: Vorteile durch gezieltes Üben?

Nachdem im Rahmen vergleichender Schulleistungsuntersuchungen inzwischen mehrere Erhebungsrunden in Deutschland durchgeführt worden sind, steht auch eine Auswahl der eingesetzten Testaufgaben öffentlich zur Verfügung. Anhand dieser Aufgaben oder auch auf der Basis der eingesetzten Antwortformate (z. B. Multiple Choice oder offenes Antwortformat) ist es möglich, sich vor der Teilnahme an einer Schulleistungsstudie wie PISA oder TIMSS mit Beispielaufgaben vertraut zu machen. Seit es Aufgaben aus früheren Erhebungsrunden der Schulleistungsstudien gibt, können diese beispielsweise auch im schulischen Unterricht eingesetzt werden. Es liegt nahe, dass Schülerinnen und Schüler, die sich diese veröffentlichten Aufgaben zuvor angeschaut haben, einen Vorteil gegenüber anderen Schülern haben, die nicht oder wenig vertraut mit der Art der Aufgabenstellung sind. Bei dieser Überlegung darf jedoch nicht außer Acht gelassen werden, dass mehrere weitere Aspekte einen Einfluss auf die Vertrautheit der Schülerinnen und Schüler mit den im PISA- oder TIMSS-Test vorgelegten Aufgaben haben. Auch hier steht wie bei der Schätzung von Kompetenzen anhand einer Auswahl von Aufgaben die Gesamtstichprobe im Vordergrund und nicht einzelne Schülerinnen und Schüler. So wird etwa die Gesamtstichprobe der an PISA teilnehmenden Schülerinnen und Schüler in Deutschland in den Wochen, Monaten und Jahren vor dem PISA-Test sehr unterschiedliche Themen im Unterricht behandelt haben. Die zufällige Zuweisung von Aufgabengruppen zu den Schülerinnen und Schülern bringt es mit sich, dass jeder Schüler Aufgaben vorfindet, die zum kürzlich im Unterricht behandelten Stoff passen und andere, deren Inhalt ihm völlig neu ist. Da dies jedoch aufgrund der zufälligen Zuweisung von Schülern zu Aufgaben über die gesamte Stichprobe gesehen ebenfalls zufällig verteilt ist, ist nicht von einer systematischen Verzerrung auszugehen. Dies gilt auch für Lösungsroutinen, die aus dem Unterricht bekannt sind oder auch nicht. Haben Schüler etwa sehr viel Übung darin, in Textaufgaben zur Mathematik bestimmte Schemata zu identifizieren (z. B. Lösung anhand des Satzes von Pythagoras), so werden sie bei einer entsprechenden PISA-Aufgabe rascher diesen Lösungsansatz finden als Schüler, die diese Routine nicht besitzen und vergleichsweise viele kognitive Ressourcen dafür aufwenden müssen, den Lösungsweg zu erschließen. Dies wäre jedoch nur dann ein Problem, wenn die beschriebenen Schulleistungsstudien einerseits unter Zeitdruck stattfänden und andererseits genau diese Routinen auch messen wollten. Da sie jedoch nicht gespeedet sind, d. h. nicht unter Zeitdruck stattfinden, ist der Aspekt unterschiedlicher Lösungsroutinen unproblematisch. Zudem wird in umfangreichen Pilotstudien die Bearbeitungszeit für jede Aufgabengruppe ermittelt und entsprechend eingeplant, so dass die Schülerinnen und Schüler in aller Regel deutlich mehr Zeit für die Bearbeitung zur Verfügung haben als sie benötigen. In Bezug auf die gemessenen Kompetenzen geht es in Schulleistungsvergleichsstudien gerade nicht darum, eingeschliffene Routinen abzuarbeiten, sondern komplexe Problemstellungen mit einem passenden, eigenen Ansatz zu lösen. Dazu können Routinen hilfreich sein, sie sind in der Regel jedoch nicht allein zielführend. Zudem ist fraglich, inwieweit Jugendliche ihre Freizeit damit verbringen möchten, veröffentlichte PISA-Aufgaben so lange zu lösen, bis sie einen bemerkenswerten Vorteil daraus ziehen können. Lehrkräfte, die mit ihrer Klasse oder einzelnen Schülerinnen und Schülern an PISA teilnehmen, halten häufig eine Unterrichtseinheit zum Thema PISA und arbeiten auch mit Beispielaufgaben. Da der schulische Unterricht jedoch in aller Regel gut gefüllt ist mit Themen des Lehrplans, dürfte ein dauerhaftes systematisches Üben von Testaufgaben auch hier vergleichsweise wenig Raum haben.

Ein weiterer Aspekt, der bei Überlegungen zu möglichen Wettbewerbsverzerrungen durch gezielte Vorbereitung mitgedacht werden sollte, sind persönliche Interessen der Schülerinnen und Schüler. Ein Schüler, der sich aus Interesse in seiner Freizeit mit chemischen Prozessen und Fragestellungen beschäftigt, hat unter Umständen Vorteile bei der Bearbeitung von Aufgaben aus einem naturwissenschaftlichen Fachgebiet. Auch hier zeigt der Blick auf die Gesamtstichprobe, dass diese zum einen zufällig ausgewählt ist, aus mehreren Tausend Schülerinnen und Schülern besteht und die Übereinstimmung von persönlichen Interessen und Kenntnissen mit den vorgelegten Testaufgaben über die gesamte Stichprobe hinweg normalverteilt sein dürfte.

Schließlich ist bei all diesen Erwägungen, ob gezielte Vorbereitung auf Schulleistungsstudien Vorteile für die Schülerinnen und Schüler bringt, auch zu beachten, dass die tatsächlich eingesetzten Aufgaben des Tests vorher keinem Testteilnehmer und auch keiner Schule bekannt sind. Vorbereitung im Sinne einer Strategie zur Bearbeitung des Tests, etwa indem zunächst einfache Aufgaben bearbeitet werden und schwierigere im Anschluss, ist zudem eine eher allgemeine Vorgehensweise, die Schülerinnen und Schülern auch in Klausuren häufig angeraten wird. Zumindest bei paper and pencil-Tests, die schulischen Klausuren recht ähnlich sind, liegt die Wahl einer ähnlichen Strategie nahe. Wirklich gezieltes Vorbereiten ist also nicht möglich, zumal die Schülerinnen und Schüler ja auch sehr unterschiedliche Aufgaben vorgelegt bekommen. Abgedeckt werden stets mehrere Kompetenzbereiche, in PISA etwa Mathematik, Naturwissenschaften und Lesen, in TIMSS Mathematik und Naturwissenschaften.

In Bezug auf befürchtete Wettbewerbsverzerrung durch mangelnde oder eben sehr intensive Vorbereitung auf den Test greifen also mehrere Argumente, die letzten Endes auf die große Teilnehmerzahl auf der einen Seite und auf der anderen Seite auf die große Zahl an Testaufgaben aus verschiedenen Bereichen zurückgehen. Eine zufällige Zuordnung von Aufgaben zu Personen ermöglicht es, von einem äußerst minimalen Verzerrungsrisiko auszugehen.

5.6 Richtige, teilweise richtige und falsche Antworten auf Testfragen

Zu den veröffentlichten Beispielaufgaben aus Schulleistungsstudien sind oftmals auch Angaben über die (korrekte) Lösung, teilweise richtige Antworten und exemplarisch falsche Antworten dargestellt. Bei genauem Hinsehen wird deutlich, dass es häufig mehrere Lösungswege gibt, die als korrekt bewertet werden. Außerdem gibt es Aufgaben, bei denen der Lösungsweg an sich nicht explizit gefordert wird und für die es bei Angabe der gesuchten Zahl als Antwort die volle Punktzahl gibt. Dies steht teilweise im Gegensatz zu im Schulunterricht üblichen Bewertungsregeln, nach denen der Lösungsweg oftmals den Kern der Lösung darstellt und die schlichte Notierung einer Zahl häufig nicht ausreicht, um eine Aufgabe vollständig zu lösen. Wann eine Aufgabe in Studien wie PISA vollständig richtig, teilweise richtig oder falsch beantwortet wurde, wird bereits im Zuge der Aufgabenentwicklung festgelegt und voneinander abgegrenzt. Nachdem die Aufgaben in mehreren

Pilotphasen von Schülerinnen und Schülern bearbeitet worden sind und damit reale Schülerantworten vorliegen, wird diese Definition von Lösungen gegebenenfalls angepasst, so dass Grenzfälle sauber voneinander getrennt werden können. Da diese Definition von richtigen, teilweise richtigen und falschen Antworten mit Blick auf die theoretische Rahmenkonzeption der gemessenen Kompetenz erstellt wird, kann die Bewertung von Schülerantworten auf Testfragen unter Umständen anders sein als Lehrkräfte dies in ihrem eigenen Unterricht handhaben würden. Wird etwa im Mathematikunterricht Wert darauf gelegt, dass der Lösungsweg klar und eindeutig dargelegt ist, so kann es in Schulleistungsstudien genügen, eine bestimmte Zahl als Lösung aufzuschreiben. Denn zum einen ist das Abschreiben von Lösungen der Schüler untereinander aufgrund des rotierten Bookletdesigns nicht möglich und zum anderen kann daher unterstellt werden, dass ein Schüler, der die richtige Zahl notiert, auch einen Weg dorthin gefunden hat. Die Zahl wird demnach als Ergebnis eines Denkprozesses gesehen. Welchen Weg ein Schüler dabei wählt, ist im statistischen Sinne „zufällig", da die Wahl eines Lösungsansatzes vom individuellen Vorwissen, aber auch vom zuvor erlebten Unterricht und zahlreichen weiteren Faktoren abhängt. Die Messmodelle, die Schulleistungsstudien meist zu Grunde liegen, berücksichtigen diese Zufallskomponente und sehen die Aufgabenbearbeitung als Teil eines Prozesses, der bestimmten zufälligen Einflüssen unterliegt. Auf diese Weise schließen sich die oft übliche Bewertungspraxis im schulischen Alltag und die Kriterien für die Auswertungen der Aufgaben in Schulleistungsstudien nicht aus, sondern sie stehen für unterschiedliche Konzeptionen von Kompetenzmessung. Während in der Schule üblicherweise der Stoff der Schulwochen vor dem Test als Wissen und Können abgefragt wird, geht es in Schulleistungsstudien um die Messung von Kompetenzen, die nicht zwingend im Unterricht vermittelt worden sind und demnach auch keinen bestimmten Lösungsweg voraussetzen. Vielmehr wird erfasst, inwieweit Schülerinnen und Schüler in komplexen Fragen beispielsweise mathematische Werkzeuge für die Lösung erkennen und diese bei Bedarf an eine spezifische Situation anpassen können.

5.7 Schüler als nachwachsender Rohstoff: Ist PISA eine Studie für die Wirtschaft?

Aus einer pädagogischen Perspektive kann die Frage gestellt werden, ob man mit (international) vergleichenden Schulleistungsstudien überhaupt Bildungsforschung betreiben kann. Vor dem Hintergrund, dass Studien wie PISA, der IQB-Ländervergleich oder TIMSS explizit die Messung von Kompetenzen in den Mittelpunkt rücken, ist das Stellen dieser Frage sicherlich berechtigt. Die Antwort auf diese Frage liegt allerdings auf der Hand: Bildungsforschung ist die Suche nach Erkenntnissen zu Voraussetzungen, Prozessen und Ergebnissen von Bildung nach wissenschaftlichen Methoden und Kriterien. PISA könnte nur dann keine Bildungsforschung sein, wenn es in dieser Studie nicht um Bildung ginge. Dies ist aber nicht der Fall. Vielmehr ist Bildung im Sinne einer funktionalen Grundbildung (*Literacy*)

5.7 Schüler als nachwachsender Rohstoff: Ist PISA eine Studie für die Wirtschaft?

genauestens definiert und beschrieben. Was PISA misst, ist die Ausprägung einer so definierten Grundbildung, verbunden mit dem Bildungsziel eines selbstständig denkenden und handelnden, aktiv und kritisch an öffentlichen Diskussionen und am Erwerbsleben beteiligten künftigen Bürgers. In diesem Sinne ist PISA ebenso wie zahlreiche andere Bildungsvergleichsstudien in der Tat Bildungsforschung mit einem bestimmten Anspruch und mit klaren Grenzen. Schulleistungsstudien bilden einen wichtigen Kern schulischer Bildungsziele ab und spielen eine Rolle im Spannungsfeld zwischen der Förderung individueller Talente und Interessen einerseits und der Sicherstellung gesellschaftlicher und wirtschaftlicher Ressourcen durch Bildung andererseits.

Kapitel 6
Bilanz: Schulleistungsstudien und Kompetenzmessung

In den Kapiteln dieses Buches wurden zwei Themenbereiche aufgegriffen und miteinander verknüpft: die momentan in Deutschland durchgeführten Schulleistungsstudien sowie die Messung von Kompetenzen anhand der Annahmen des Rasch-Modells. Eingangs wurde angemerkt, dass dieses Buch aus der Arbeit im nationalen Projektmanagement der PISA-Studie heraus entstanden ist. In diesem Rahmen tauchen wiederholt Fragen auf, die zeigen, dass der Nutzen und der Funktionszusammenhang von Studien wie PISA nicht selbst erklärend sind. Deshalb wurden in diesem Studienbuch anhand der beiden Themenbereiche verschiedene häufig unklare Aspekte bearbeitet. Abschließend werden nun die wichtigsten Erkenntnisse zusammengefasst sowie weiterführende Literatur empfohlen, die zur Vertiefung einzelner Aspekte hilfreich sein kann.

6.1 Mehrere Schulleistungsstudien in Deutschland

In Deutschland werden seit einigen Jahren mehrere Schulleistungsvergleichsstudien durchgeführt. Die wohl einschlägigste und bekannteste ist die PISA-Studie, allerdings wird bei der Betrachtung der in Kapitel 2 vorgestellten sechs Studien deutlich, dass all diese Untersuchungen sich ergänzen. Zum einen werden unterschiedliche Alterskohorten bzw. Schülerpopulationen untersucht, teils unterschiedliche Kompetenzbegriffe zu Grunde gelegt oder curriculare Validität angestrebt und zum anderen steht ein nationaler oder internationaler Vergleich im Mittelpunkt oder auch eine Längsschnittperspektive. Es mag wie eine Vielzahl unterschiedlicher Studien erscheinen, jedoch ist das Zusammenspiel der Studien wohlüberlegt und alle gemeinsam dienen letztlich dazu, regelmäßig in den Schulen nach dem Rechten zu sehen und zu prüfen, ob sich irgendwo Probleme andeuten oder besondere Stärken. Bis auf die VERA-Studie, die eine Sonderrolle einnimmt und kein Bildungsmonitoring im eigentlichen Sinne ist, liegt das Projektmanagement für all die beschriebenen Studien in den Händen wissenschaftlicher Expertinnen und Experten, die den von ihnen durchgeführten Studien einen bildungswissenschaftlichen Mehrwert abgewinnen und die Ergebnisse anschlussfähig machen können. Dadurch werden die Schulleistungsstudien gezielt so durchgeführt, dass wissenschaftlich und politisch relevante Fragen mit in die Studien integriert werden und nicht nur eine reine Administration erfolgt. Dies spiegelt sich unter anderem in den ausführlichen nationalen Berichtsbänden zu PISA, TIMSS, IGLU und dem IQB-Ländervergleich wider. Die Berichterstattung zu NEPS erfolgt über Aufsätze in Fachzeitschriften sowie über die frei zugänglichen Working Papers, die auf den Internetseiten des Leibniz-Instituts für Bildungsverläufe (LIfBi) zu finden sind. Die zum Zeitpunkt der Drucklegung dieses Buches aktuellen Berichtsbände der genannten Studien, die als vertiefende Lektüre zu empfehlen sind und keine Vorkenntnisse erfordern, sind:

PISA: Prenzel, M., Sälzer, C., Klieme, E. & Köller, O. (Hrsg.). (2013). PISA 2012: Fortschritte und Herausforderungen in Deutschland. Münster: Waxmann.

TIMSS: Bos, W., Wendt, H., Köller, O. & Selter, C. (Hrsg.). (2012). Mathematische und naturwissenschaftliche Kompetenzen von Grundschulkindern in Deutschland im internationalen Vergleich. Münster: Waxmann.

IGLU (PIRLS): Bos, W., Tarelli, I., Bremerich-Vos, A. & Schwippert, K. (Hrsg.). (2012). IGLU 2011. Lesekompetenzen von Grundschulkindern in Deutschland im internationalen Vergleich. Münster: Waxmann.

IQB-Ländervergleich Grundschule: Stanat, P., Pant, H. A., Böhme, K. & Richter, D. (Hrsg.). (2012). Kompetenzen von Schülerinnen und Schülern am Ende der vierten Jahrgangsstufe in den Fächern Deutsch und Mathematik. Ergebnisse des IQB-Ländervergleichs 2011. Münster: Waxmann.

IQB-Ländervergleich Sekundarstufe I: Pant, H. A., Stanat, P., Schroeders, U., Roppelt, A., Siegle, T. & Pöhlmann, C. (Hrsg.). (2013). IQB-Ländervergleich 2012. Mathematische und naturwissenschaftliche Kompetenzen am Ende der Sekundarstufe I. Münster: Waxmann.

6.2 Kompetenzmessung durch Tests und Schätzverfahren

In den Kapiteln 3 und 4 wurden neben den Grundzügen des Rasch-Modells einige Aspekte der Erfassung nicht beobachtbarer Eigenschaften sowie Möglichkeiten zur gezielten Schätzung von Kompetenzen erläutert. Beide Kapitel richten sich gezielt an Leserinnen und Leser, die mit der Materie noch nicht vertraut sind. Einige methodisch-praktische Aspekte zum Umgang mit dem Rasch-Modell, etwa die Überprüfung der zu Grunde gelegten Modellannahmen oder die Durchführung einer Datenskalierung sind daher nicht Gegenstand dieses Studienbuches. Weiterführende Literatur zum Rasch-Modell, die sich auch bestens zur Prüfungsvorbereitung im Studium eignet, ist beispielsweise dieses Buch:

Strobl, C. (2012). Das Rasch-Modell. Eine verständliche Einführung für Studium und Praxis (Bd. 2, 2., erweiterte Auflage). Mering: Rainer Hampp Verlag.

Leserinnen und Lesern, die sich für Testtheorie und Testkonstruktion unter anderem mit Bezug auf das Rasch-Modell interessieren, sei außerdem dieses Buch empfohlen:

Eid, M. & Schmidt, K. (2014). Testtheorie und Testkonstruktion (1. Aufl.). Göttingen: Hogrefe.

6.3 Weiterführende Fragen

Dieses Buch wurde geleitet von der Frage, wie und warum Schülerkompetenzen durch eine begrenzte Anzahl von Aufgaben pro Schüler gemessen werden können, die sich größtenteils nicht auf den jeweiligen Lehrplan dieser Schülerinnen und Schüler beziehen. Verschiedene Aspekte dieses Fragenkomplexes wurden in den Kapiteln des Buches behandelt, etwa was „Messen" im Zusammenhang mit nicht beobachtbaren Eigenschaften wie Kompetenzen von Schülerinnen und Schülern bedeutet oder wie man Schülerantworten in verschiedenen Bildungssystemen fair miteinander vergleichen kann. Als einführendes Studienbuch und Grundlage zur Auseinandersetzung mit Ergebnissen aus Schulleistungsuntersuchungen sind der Reichweite und Aussagekraft der Ausführungen natürlich auch Grenzen gesetzt. So wurde beispielsweise darauf verzichtet, verschiedene Schätzverfahren bei der Skalierung von Daten anhand des Rasch-Modells detailliert miteinander zu vergleichen oder auch mehrere Modellerweiterungen mitsamt ihrer mathematischen Formel darzustellen. Weiterführend eignen sich beispielsweise folgende Bücher:

Davier, M. von & Carstensen, C. H. (Hrsg.). (2007). Multivariate and mixture distribution Rasch Models: Extensions and applications (1. Aufl.). New York: Springer.

Reise, S. P. & Revicki, D. A. (Hrsg.). (2014). Handbook of Item Response Theory Modeling: Applications to Typical Performance Assessment (Multivariate Application Series, 1. Aufl.). London: Routledge.

Einige Fragen, die über den Rahmen dieses Buches hinausgehen und damit einen Doppelpunkt an dessen Ende setzen, begleiten auch die Arbeit an Schulleistungsvergleichsstudien. So kann in der Regel nicht auf kausale Zusammenhänge zwischen verschiedenen Merkmalen geschlossen werden, also z. B. zwischen der Leistung in Mathematik und dem fachspezifischen Interesse eines Schülers an mathematischen Fragestellungen. Was zuerst da war und das jeweils andere möglicherweise beeinflusst, ist anhand von Daten aus querschnittlich angelegten Schulleistungsstudien nicht zu beantworten. Andere interessante Themen werden (zumindest derzeit) in vielen Schulleistungsstudien nicht erfasst, ein Beispiel ist die soziale Kompetenz von Schülern. Hierfür sind jedoch individuell bearbeitete Tests und Fragebögen auch sicherlich kein geeignetes Instrument, vielmehr wären gezielte Beobachtungen und experimentelle Settings notwendig und hilfreich. Erste Ansätze, beispielsweise die Fähigkeit von Schülerinnen und Schülern, die Perspektive anderer zu übernehmen, werden derzeit erprobt und könnten zumindest in computerbasierten Tests künftig eingesetzt werden.

Schließlich sind Schulleistungsstudien dann am nützlichsten, wenn sie als das gelesen und genutzt werden, was sie sind: eine regelmäßige Zusammenstellung sinnvoller Indikatoren darüber, worin sich verschiedene Bildungssysteme voneinander unterscheiden und welches jeweils besondere Stärken oder Schwächen sein können. Nicht mehr und nicht weniger. Werden diese Studien als Anhaltspunkt dafür genutzt, über mögliche Verbesserungen nachzudenken und diese klug auf den Weg zu bringen, haben die Studien ihren wichtigsten Zweck erfüllt. Dass man diese Studien nicht nur um der Studien willen durchführen sollte, versteht sich dabei von selbst. PISA war nie als der Weisheit letzter Schluss gedacht, liefert jedoch in regelmäßigen Abständen umfassende Momentaufnahmen aus verschiedenen Bildungssystemen, die vor allem über die Zeit betrachtet, spannende Entwicklungen dokumentieren. Ohne PISA wäre womöglich die Frage, ob in Deutschland zu viele Schüler ein Schuljahr wiederholen müssen, so nie gestellt worden. Erst im internationalen Vergleich wurde deutlich, dass es durchaus leistungsstarke Bildungssysteme gibt, die minimale Klassenwiederholerquoten aufweisen. In regelmäßigen Abständen nach dem Rechten zu sehen, schadet sicherlich weder Schulen noch Schülern. Solange die Studien, an denen ein Staat teilnimmt, gut ausgewählt und aufeinander abgestimmt sind, rechtfertigt der Aufwand den Ertrag oft bei Weitem. Eine Grundlage für gezieltes Lesen und Nutzen von Ergebnissen aus Schulleistungsstudien wurde in diesem Buch gelegt. Eine wichtige Begleiterscheinung solcher Studien ist stets, dass sie einige Fragen beantworten, aber noch viel mehr neue Fragen aufwerfen.

Literaturverzeichnis

Adams, R. J., Wilson, M., Wang, W. (1997). The Multidimensional Random Coefficients Multinomial Logit Model. *Applied Psychological Measurement, 21*(1), 1–23.

Artelt, C., Drechsel, B., Bos, W. & Stubbe, T. C. (2009). Lesekompetenz in PISA und PIRLS/IGLU – ein Vergleich. In M. Prenzel & J. Baumert (Hrsg.), *Vertiefende Analysen zu PISA 2006* (S. 35–52). Wiesbaden: VS Verlag für Sozialwissenschaften.

Artelt, C, Weinert, S. & Carstensen, C. H. (2013). Assessing competencies across the lifespan within the German National Educational Panel Study (NEPS) – Editorial. *Journal for Educational Research Online, 5*(2).

Auer, M., Gruber, G., Mayringer, H. & Wimmer, H. (2005). *Salzburger Lesescreening für die Klassenstufen 5-8*. Göttingen: Hogrefe.

Baumert, J., Artelt, C., Klieme, E., Neubrand, M., Prenzel, M., Schiefele, U. et al. (Hrsg.). (2002). *Pisa 2000 - die Länder der Bundesrepublik Deutschland im Vergleich: [PISA-E]*. OECD, PISA. Opladen: Leske + Budrich.

Baumert, J., Artelt, C., Klieme, E., Neubrand, M., Prenzel, M., Schiefele, U. et al. (Hrsg.). (2003). *PISA 2000: Ein differenzierter Blick auf die Länder der Bundesrepublik Deutschland*. Opladen: Leske + Budrich.

Baumert, J., Bos, W. & Lehmann, R. (Hrsg.). (2000). *TIMSS-III. Dritte internationale Mathematik- und Naturwissenschaftsstudie - mathematische und naturwissenschaftliche Bildung am Ende der Schullaufbahn (Bd. 1)*. Opladen: Leske + Budrich.

Baumert, J., Klieme, E., Neubrand, M., Prenzel, M., Schiefele, U., Schneider, W. et al. (Hrsg.). (2001). *PISA 2000: Basiskompetenzen von Schülerinnen und Schülern im internationalen Vergleich*. Opladen: Leske + Budrich.

Baumert, J., Lehmann, R., Lehrke, M. S. B., Clausen, M., Hosenfeld, I., Köller, O. & Neubrand, J. (1997). *TIMSS – Mathematisch-naturwissenschaftlicher Unterricht im internationalen Vergleich: Deskriptive Befunde. Opladen: Leske + Budrich.

Baumert, J. & Weiß, M. (2002). Förderalismus und Gleichwertigkeit der Lebensverhältnisse. In Baumert, J., Artelt, C., Klieme, E., Neubrand, M., Prenzel, M., Schiefele, U. et al. (Hrsg.), *Pisa 2000 – die Länder der Bundesrepublik Deutschland im Vergleich* (S. 39–53). OECD, PISA. Opladen: Leske + Budrich.

Beaton, A. E., Beaton, A. E., Mullis, I. V. S., Martin, M. O., Gonzalez, E. J., Kelly, D. L. & Smith, T. A. (1996). *Mathematics achievement in the middle school years: IEA's Third International Mathematics and Science Study (TMSS).* Chestnut Hill, MA: TIMSS International Study Center, Boston College.

Bellmann, J. (2006). Bildungsforschung und Bildungspolitik im Zeitalter „Neuer Steuerung". (German). *Zeitschrift für Pädagogik, 4*, 487–504.

Blossfeld, H.-P., von Maurice, J. & Schneider, T. (2011). The National Educational Panel Study: need, main features, and research potential. In Blossfeld, H.-P., Roßbach, H.-G. & von Maurice, J. (Hrsg.), *Education as a lifelong process: The German National Panel Study (NEPS)* (Bd. 14, S. 5–17). Zeitschrift für Erziehungswissenschaft : [...], Sonderheft. Wiesbaden: VS Verlag für Sozialwissenschaften.

Blum, W., Neubrand, M.,Ehmke, T., Senkbeil, M., Jordan, A., Ulfig, F. & Carstensen, C. H. (2004). Mathematische Kompetenz. In M. Prenzel, J. Baumert, W. Blum, R. Lehmann, D. Leutner, M. Neubrand et al. (Hrsg.), *PISA 2003. Der Bildungsstand der Jugendlichen in Deutschland: Ergebnisse des zweiten internationalen Vergleichs* (S. 47–92). Münster: Waxmann.

Bortz, J. & Schuster, C. (2010). *Statistik für Human- und Sozialwissenschaftler* (7., vollst. überarb. u. erw. Aufl). Springer. Berlin: Springer.

Bos, W., Bonsen, M., Baumert, J., Prenzel, M., Selter, C. & Walther, G. (Hrsg.). (2008). *TIMSS 2007: Mathematische und naturwissenschaftliche Kompetenzen von Grundschulkindern in Deutschland im internationalen Vergleich.* Münster [u.a.]: Waxmann.

Bos, W., Homberg, S., Arnold, K.-H., Faust, G., Fried, L., Lankes, E.-M, Schwippert, K. & Valtin, R. (2008). *IGLU-E 2006: Die Länder der Bundesrepublik Deutschland im nationalen und internationalen Vergleich.* Münster: Waxmann.

Bos, W., Wendt, H., Köller, O. & Selter C. (Hrsg.). (2012). *Mathematische und naturwissenschaftliche Kompetenzen von Grundschulkindern in Deutschland im internationalen Vergleich.* Münster: Waxmann.

Böttcher, W. (2002). *Kann eine ökonomische Schule auch eine pädagogische sein? Schulentwicklung zwischen neuer Steuerung, Organisation, Leistungsevaluation und Bildung.* Weinheim und München: Juventa.

Bremerich-Vos, A., Tarelli, I. & Valtin, R. (2012). Das Konzept von Lesekompetenz in IGLU 2011. In Bos, W., Tarelli, I., Bremerich-Vos, A. & Schwippert, K. (Hrsg.), *IGLU 2011* (S. 69–90). Münster [u.a.]: Waxmann.

Campbell, J. R., Kelly, D. L., Mullis, I. V.S., Martin, M. O. & Sainsbury, M. (2001). *Framework and specifications for pirls assessment 2001* (2. Aufl.). Chestnut Hill, USA: Pirls International Study Center,Boston College.

Can, J. & Stokes, S. L. (2008). Bayesian IRT Guessing Models for Partial Guessing Behaviors. *Psychometrika*, *73*(2), 209–230.

Carstensen, C. H., Knoll, S., Rost, J. & Prenzel, M. (2004). Technische Grundlagen. In M. Prenzel, J. Baumert, W. Blum, R. Lehmann, D. Leutner, M. Neubrand et al. (Hrsg.), *PISA 2003. Der Bildungsstand der Jugendlichen in Deutschland: Ergebnisse des zweiten internationalen Vergleichs* (S. 371–388). Münster: Waxmann.

Diemer, T. & Kuper, H. (2011). Formen innerschulischer Steuerung mittels zentraler Lernstandserhebungen. (German). *Zeitschrift für Pädagogik*, *57*(4), 554–571.

Eid, M. & Schmidt, K. (2014). *Testtheorie und Testkonstruktion* (1. Aufl). Göttingen [u.a.]: Hogrefe Verlag.

Fischer, G. H. & Molenaar, I. W. (1995). *Rasch Models: Foundations, Recent Developments, and Applications*. New York: Springer.

Foy, P. (2012). Counterbalanced data collection design. In *8th Meeting of TIMSS and PIRLS 2011 National Reseach Coordinators*. Singapur.

Frey, A., Hartig, J. & Rupp, A. A. (2009). An NCME Instructional Module on Booklet Designs in Large-Scale Assessments of Student Achievement: Theory and Practice. *Educational Measurement: Issues and Practice*, *28*(3), 39–53.

Frey, A. & Seitz, N.-N. (2010). Projekt MAT. Multidimensionale adaptive Kompetenzdiagnostik: Ergebnisse zur Messeffizienz. In E. Klieme, D. Leutner & M. Kenk (Hrsg.), *Kompetenzmodellierung. Zwischenbilanz des DFG-Schwerpunktprogramms und Perspektiven des Forschungsansatzes* (Bd. 56, S. 40–51). Weinheim: Beltz.

Gehrer, K., Zimmermann, S., Artelt, C. & Weinert, S. (2013). NEPS framework for assessing reading competence and results from an adult pilot study. *Journal for Educational Research Online*, *5*(2), 50–79.

Gonzalez, E. J. & Rutkowski, L. (2010). Principles of multiple matrix booklet designs and parameter recovery in large-scale assessments. *IERI Monograph Series*, *3*, 125–156.

Gressard, R. P. & Loyd, B. H. (1991). A comparison of item sampling plans in the application of multiple matrix sampling. *Journal of Educational Measurement*, *28*(2), 119–130.

Hartig, J. (2007). Skalierung und Definition von Kompetenzniveaus. In E. Klieme & B. Beck (Hrsg.), *Sprachliche Kompetenzen. Konzepte und Messung. DESI-Studie (Deutsch Englisch Schülerleistungen International)*. Weinheim [u.a]: Beltz.

Heine, J.-H., Sälzer, C., Borchert, L., Sibberns, H. & Mang, J. (2013). Technische Grundlagen des fünften internationalen Vergleichs. In M. Prenzel, C. Sälzer, E. Klieme & O. Köller (Hrsg.), *PISA 2012: Fortschritte und Herausforderungen in Deutschland* (S. 309–346). Münster: Waxmann.

Hohn, K., Schiepe-Tiska, A., Sälzer, C. & Artelt, C. (2013). Lesekompetenz in PISA 2012: Veränderungen und Perspektiven. In M. Prenzel, C. Sälzer, E. Klieme & O. Köller (Hrsg.), *PISA 2012: Fortschritte und Herausforderungen in Deutschland* (S. 217–244). Münster: Waxmann.

Isaac, K., Halt, A. C., Hosenfeld, I., Helmke, A. & Groß Ophoff, J. (2006). VERA: Qualitätsentwicklung und Lehrerprofessionalisierung durch Vergleichsarbeiten. *Die Deutsche Schule, 98*(1), 107–111.

Isaac, K. & Hosenfeld, I. (2008). Faire Ergebnisrückmeldungen bei Vergleichsarbeiten. In J. Ramseger & M. Wagener (Hrsg.), *Chancenungleichheit in der Grundschule-Ursachen und Wege aus der Krise* (S. 143–146). Wiesbaden: VS Verlag für Sozialwissenschaften.

Isaac, K. (2013). Lernstandserhebungen als Diagnoseinstrument. Ergebnisorientierte Unterrichtsentwicklung auf Basis von Vergleichsarbeiten. In M. Bonsen, W. Homeier & K. Tschekan (Hrsg.), *Unterrichtsqualität sichern – Sekundarstufe (G 1.10)*. Stuttgart: Raabe.

Jansen, M., Schroeders, U. & Stanat, P. (2013). Motivationale Schülermerkmale in Mathematik und den Naturwissenschaften. In H. A. Pant, P. Stanat, U. Schroeders, A. Roppelt, T. Siegle & C. Pöhlmann (Hrsg.), *IQB-Ländervergleich 2012. Mathematische und naturwissenschaftliche Kompetenzen am Ende der Sekundarstufe I* (S. 347–366). Münster: Waxmann.

Kleickmann, T., Brehl, T., Saß, S., Prenzel, M. & Köller, O. (2012). Naturwissenschaftliche Kompetenzen im internationalen Vergleich: Testkonzeption und Ergebnisse. In W. Bos, H. Wendt, O. Köller & C. Selter (Hrsg.), *TIMSS. Mathematische und naturwissenschaftliche Kompetenzen von Grundschulkindern in Deutschland im internationalen Vergleich* (S. 123–170). Münster: Waxmann.

Klieme, E., Avenarius, H., Blum, W., Döbrich, P., Gruber, H., Prenzel, M., Reiss, K., Riquarts, K., Rost, J., Tenorth, H.-E. & Vollmer, H. J. (2007). *Zur Entwicklung nationaler Bildungsstandards. Expertise.* Bonn: Bundesministerium für Bildung und Forschung.

KMK. (1997). Grundsätzliche Überlegungen zu Leistungsvergleichen innerhalb der Bundesrepublik Deutschland. Konstanzer Beschluss vom 24.10.1997.

KMK. (2002). PISA 2000 – Zentrale Handlungsfelder. Zusammenfassende Darstellung der laufenden und geplanten Maßnahmen. Beschluss der 299. Kultusministerkonferenz vom 17./18.10.2002.

KMK. (2003). Bildungsstandards im Fach Mathematik für den Mittleren Schulabschluss (10. Jahrgangsstufe) (Beschlüsse der Kultusministerkonferenz).

KMK. (2004a). Bildungsstandards im Fach Mathematik für den Hauptschulabschluss (Jahrgangsstufe 9). Beschluss vom 15.10.2004 (Beschlüsse der Kultusministerkonferenz). Bonn.

KMK. (2004b). Bildungsstandards im Fach Mathematik für den Primarbereich. Beschluss vom 15.10.2004 (Beschlüsse der Kultusministerkonferenz). München.

KMK. (2005). Bildungsstandards im Fach Deutsch für den Primarbereich. Beschluss vom 15.10.2004. München.

KMK. (2006). *Gesamtstrategie der Kultusministerkonferenz zum Bildungsmonitoring*. München: Wolters Kluwer.

KMK. (2012a). Bildungsstandards im Fach Mathematik für die Allgemeine Hochschulreife. Beschluss der Kultusministerkonferenz vom 18.10.2012.

KMK. (2012b). Vereinbarung zur Weiterentwicklung von VERA: Beschluss der Kultusministerkonferenz vom 08.03.2012.

KMK. (2015). Text der überarbeiteten Gesamtstrategie zum Bildungsmonitoring.

Koeppen, K., Hartig, J., Klieme, E. & Leutner, D. (2008). Current issues in competence modeling and assessment. *Journal of Psychology, 216*(2), 61–73.

Kolen, M. J. & Brennan, R. L. (2004). *Test equating, scaling and linking. Methods and practices* (2.). New York: Springer.

Koller, I., Alexandrowicz, R. & Hatzinger, R. (2012). *Das Rasch Modell in der Praxis: Eine Einführung in eRm*. Wien: Facultas.

Köller, O., Knigge, M. & Tesch, B. (Hrsg.). (2010). *Sprachliche Kompetenzen im Ländervergleich*. Münster: Waxmann.

Kuper, H. & Schneewind, J. (Hrsg.). (2006). *Rückmeldungen und Rezeption von Forschungsergebnissen: Zur Verwendung wissenschaftlichen Wissens im Bildungssystem*. Münster: Waxmann.

Leutner, D., Klieme, E., Meyer, K. & Wirth, J. (2004). Problemlösen. In M. Prenzel, J. Baumert, W. Blum, R. Lehmann, D. Leutner, M. Neubrand et al. (Hrsg.), *PISA 2003. Der Bildungsstand der Jugendlichen in Deutschland: Ergebnisse des zweiten internationalen Vergleichs* (S. 147–176). Münster: Waxmann.

Masters, G. (1982). A rasch model for partial credit scoring. *Psychometrika, 47*(2), 149–174.

Mislevy, R. J., Beaton, A. E., Kaplan, B. & Sheehan, K. M. (2005). Estimating population characteristics from sparse matrix samples of item responses. *Journal of Educational Measurement, 29*(133-161).

Mislevy, R. J. (1991). Randomization-based inference about latent variables from complex samples. *Psychometrika, 56*(2), 177–196.

Mullis, I. V. S., Martin, M. O., Foy, P. & Arora, A. (2012). *TIMSS 2011 International Results in Mathematics*. Chestnut Hill, MA: TIMSS & PIRLS International Study Center, Boston College.

Mullis, I. V. S., Martin, M. O., Minnich, C. A., Drucker, K. T. & Ragan, M. A. (Hrsg.). (2012). *PIRLS 2011 Encyclopedia: Education Policy and Curriculum in Reading, Volumes 1 and 2*. Chestnut Hill, MA: TIMSS & PIRLS International Study Center, Boston College.

Mullis, I. V. S., Martin, M. O., Minnich, C. A., Stanco, G. M., Arora, A., Centurino, Victoria A. S. et al. (Hrsg.). (2012). *TIMSS 2011 Encyclopedia. Education Policy and Curriculum in Mathematics and Science: (Volume 1: A-K; Volume 2: L-Z)*. Chestnut Hill, MA: TIMSS & PIRLS International Study Center, Boston College.

Mullis, I. V. S., Martin, M. O., Ruddock, G. J., O'Sullivan, C. Y. & Preuschoff, C. (2009). *TIMSS 2011 assessment frameworks*. Chestnut Hill, MA: TIMSS & PIRLS International Study Center, Boston College.

Neumann, I., Duchhardt, C., Grüßing, M., Heinze, A., Knopp, E. & Ehmke, T. (2013). Modeling and assessing mathematical competence over the lifespan. *Journal of Educational Research Online, 5*(2), 80–109.

OECD. (1999). *Measuring student knowledge and skills: A new framework for assessment.* Paris: OECD.
OECD. (2003). *The PISA 2003 Assessment Framework – Mathematics, Reading, Science and Problem Solving Knowledge and Skills.* Paris: OECD.
OECD. (2004). *The PISA 2003 Assessment Framework. Mathematics, Reading, Science and Problem Solving Knowledge and Skills.* Paris: OECD Publishing.
OECD. (2009a). *PISA 2009 assessment framework: Key competencies in reading, mathematics and science.* Paris: OECD Publishing.
OECD. (2009b). *PISA data analysis manual* (2. Aufl.). Paris: OECD.
OECD. (2012). *PISA 2009 technical report.* Paris: OECD Publishing.
OECD. (2013a). *PISA 2012 Assessment and Analytical Framework: Mathematics, Reading, Science, Problem Solving and Financial Literacy.* Paris: OECD Publishing.
OECD. (2013b). *PISA 2012 Results: What Makes Schools Successful? Resources, Policies and Practices: Volume IV.* Paris: OECD Publishing.
OECD. (2014). *PISA 2012 Results: What students know and can do: Student performance in mathematics, reading and science: (Revised edition).* Paris: OECD Publishing.
Pant, H. A., Böhme, K. & Köller, O. (2013). Das Kompetenzkonzept der Bildungsstandards und die Entwicklung von Kompetenzstufenmodellen. In H. A. Pant, P. Stanat, U. Schroeders, A. Roppelt, T. Siegle & C. Pöhlmann (Hrsg.), *IQB-Ländervergleich 2012. Mathematische und naturwissenschaftliche Kompetenzen am Ende der Sekundarstufe I* (S. 53–58). Münster: Waxmann.
Pant, H. A., Stanat, P., Pöhlmann, C. & Böhme, K. (2013). Die Bildungsstandards im allgemeinbildenden Schulsystem. In H. A. Pant, P. Stanat, U. Schroeders, A. Roppelt, T. Siegle & C. Pöhlmann (Hrsg.), *IQB-Ländervergleich 2012. Mathematische und naturwissenschaftliche Kompetenzen am Ende der Sekundarstufe I* (S. 13–22). Münster: Waxmann.
Pant, H. A., Stanat, P., Schroeders, U., Roppelt, A., Siegle, T. & Pöhlmann, C. (Hrsg.). (2013). *IQB-Ländervergleich 2012. Mathematische und naturwissenschaftliche Kompetenzen am Ende der Sekundarstufe I.* Münster: Waxmann.
Pohl, S. & Carstensen, C. H. (2013). Scaling of competence tests in the National Educational Panel Study - Many questions, some answers, and further challenges. *Journal for Educational Research Online, 5*(2), 189–216.
Prenzel, M., Artelt, C., Baumert, J., Blum, W., Hammann, M., Klieme, E. et al. (Hrsg.). (2008). *PISA 2006 in Deutschland: Die Kompetenzen der Jugendlichen im dritten Ländervergleich.* Münster: Waxmann.
Prenzel, M., Baumert, J., Blum, W., Lehmann, R., Leutner, D., Neubrand, M. et al. (Hrsg.). (2005). *PISA 2003: Der zweite Vergleich der Länder in Deutschland - Was wissen und können Jugendliche?* Münster: Waxmann.
Prenzel, M., Drechsel, B., Carstensen, C. H. & Ramm, G. (2004). PISA 2003 – eine Einführung. In M. Prenzel, J. Baumert, W. Blum, R. Lehmann, D. Leutner, M. Neubrand et al. (Hrsg.), *PISA 2003. Der Bildungsstand der Jugendlichen in Deutschland: Ergebnisse des zweiten internationalen Vergleichs* (S. 13–46). Münster: Waxmann.

Prenzel, M. & Seidel, T. (2010). Bildungsmonitoring und Evaluation. In C. Spiel, R. Reimann, B. Schober & P. Wagner (Hrsg.), *Bildungspsychologie* (S. 329–345). Göttingen: Hogrefe.

Rasch, G. W. (1960). *Probabilistic models for some intelligence and attainment tests: (Studies in mathematical psychology)*. Chicago: The University of Chicago Press.

Roppelt, A., Blum, W. & Pöhlmann, C. (2013). Die im Ländervergleich 2012 untersuchten mathematischen und naturwissenschaftlichen Kompetenzen. In H. A. Pant, P. Stanat, U. Schroeders, A. Roppelt, T. Siegle & C. Pöhlmann (Hrsg.), *IQB-Ländervergleich 2012. Mathematische und naturwissenschaftliche Kompetenzen am Ende der Sekundarstufe I* (S. 23–52). Münster: Waxmann.

Rost, J. (2004). *Lehrbuch Testtheorie - Testkonstruktion* (2.). Berlin: Hans Huber.

Sälzer, C. & Prenzel, M. (2013). PISA 2012 – eine Einführung in die aktuelle Studie. In M. Prenzel, C. Sälzer, E. Klieme & O. Köller (Hrsg.), *PISA 2012: Fortschritte und Herausforderungen in Deutschland* (S. 11–46). Münster: Waxmann.

Sälzer, C., Prenzel, M. & Klieme, E. (2013). Schulische Rahmenbedingungen der Kompetenzentwicklung. In M. Prenzel, C. Sälzer, E. Klieme & O. Köller (Hrsg.), *PISA 2012: Fortschritte und Herausforderungen in Deutschland* (S. 155–187). Münster: Waxmann.

Sälzer, C., Reiss, K., Schiepe-Tiska, A., Prenzel, M. & Heinze, A. (2013). Mathematische Kompetenz im internationalen Vergleich. In M. Prenzel, C. Sälzer, E. Klieme & O. Köller (Hrsg.), *PISA 2012: Fortschritte und Herausforderungen in Deutschland* (S. 47–98). Münster: Waxmann.

Schiepe-Tiska, A. & Schmidtner, S. (2013). Mathematikbezogene emotionale und motivationale Orientierungen, Einstellungen und Verhaltensweisen von Jugendlichen in PISA 2012. In M. Prenzel, C. Sälzer, E. Klieme & O. Köller (Hrsg.), *PISA 2012: Fortschritte und Herausforderungen in Deutschland* (S. 100–121). Münster: Waxmann.

Schiepe-Tiska, A., Schöps, K., Rönnebeck, S., Köller, O. & Prenzel, M. (2013). Naturwissenschaftliche Kompetenz in PISA 2012: Ergebnisse und Herausforderungen. In M. Prenzel, C. Sälzer, E. Klieme & O. Köller (Hrsg.), *PISA 2012: Fortschritte und Herausforderungen in Deutschland* (S. 189–216). Münster: Waxmann.

Selter, C., Walther, G., Wessel, J. & Wendt, H. (2012). Mathematische Kompetenzen im internationalen Vergleich: Testkonzeption und Ergebnisse. In Bos, W., Wendt, H., Köller, O. & Selter, C. (Hrsg.), *TIMSS 2011* (S. 69–122). Münster: Waxmann.

Siegle, T., Schroeders, U. & Roppelt, A. (2013). Anlage und Durchführung des Ländervergleichs. In H. A. Pant, P. Stanat, U. Schroeders, A. Roppelt, T. Siegle & C. Pöhlmann (Hrsg.), *IQB-Ländervergleich 2012. Mathematische und naturwissenschaftliche Kompetenzen am Ende der Sekundarstufe I* (S. 101–122). Münster: Waxmann.

Stanat, P., Pant, H. A., Böhme, K. & Richter, D. (2012a). *Kompetenzen von Schülerinnen und Schülern am Ende der vierten Jahrgangsstufe in den Fächern Deutsch und Mathematik*. Münster: Waxmann.

Stanat, P., Pant, H. A., Böhme, K. & Richter, D. (Hrsg.). (2012b). *Kompetenzen von Schülerinnen und Schülern am Ende der vierten Jahrgangsstufe in den Fächern Deutsch und Mathematik: Ergebnisse des IQB-Ländervergleichs 2011*. Münster: Waxmann.

Statistisches Bundesamt. (2012). Fachserie 11, Reihe 1: Allgemeinbildende Schulen, Schuljahr 2011/2012. Wiesbaden.

Strobl, C. (2012). *Das Rasch-Modell. Eine verständliche Einführung für Studium und Praxis* (erweiterte Auflage). Mering: Rainer Hampp Verlag.

Tarelli, I., Wendt, H., Bos, W. & Zylowski, A. (2012). Ziele, Anlage und Durchführung der Internationalen Grundschul-Lese-Untersuchung (IGLU 2011). In W. Bos, I. Tarelli, A. Bremerich-Vos & K. Schwippert (Hrsg.), *IGLU 2011. Lesekompetenzen von Grundschulkindern in Deutschland im internationalen Vergleich* (S. 27–68). Münster: Waxmann.

Tenorth, H.-E. (2004). Bildungsstandards und Kerncurriculum. Systematischer Kontext, bildungstheoretische Probleme. *Zeitschrift für Pädagogik, 50*(5), 650–661.

Tenorth, H.-E. (2005). „Grundbildung", „Basiskompetenzen" und allgemeine Bildung. In Kauf, A., Liebers, K. & Prengel, A. (Hrsg.), *Länderübergreifende Curricula für die Grundschule* (S. 93–107). Bad Heilbrunn: Klinkhardt.

UNESCO Institute of Statistics. (2006). International Standard Classification of Education. ISCED 1997.

van der Linden, J. W., Veldkamp, B. P. & Carlson, J. E. (2004). Optimizing balanced incomplete block designs for educational assessments. *Applied Psychological Measurement, 28*(5), 317–331.

Walther, G., Selter, C. & Neubrand, J. (2007). Die Bildungsstandards Mathematik. In Walther, G., van den Heuvel-Panhuizen, M., Granzer, D. & Köller, O. (Hrsg.), *Bildungsstandards für die Grundschule. Mathematik konkret*. Berlin: Cornelson Scriptor.

Wendt, H., Bos, W., Selter, C. & Köller, O. (2012). TIMSS 2011: Wichtige Ergebnisse im Überblick. In Bos, W., Wendt, H., Köller, O. & Selter C. (Hrsg.), *Mathematische und naturwissenschaftliche Kompetenzen von Grundschulkindern in Deutschland im internationalen Vergleich* (S. 13–26). Münster: Waxmann.

Wendt, H., Tarelli, I., Bos, W., Frey, K. & Vennemann, M. (2012). Ziele, Anlage und Durchführung der Trends in International Mathematics and Science Study (TIMSS 2011). In Bos, W., Wendt, H., Köller, O. & Selter C. (Hrsg.), *Mathematische und naturwissenschaftliche Kompetenzen von Grundschulkindern in Deutschland im internationalen Vergleich* (S. 27–68). Münster: Waxmann.

Woods, M. C. (2008). Consequences of ignoring guessing when estimating the latent density in item response theory. *Applied Psychological Measurement, 32*(5), 371–384.

Yen, W. M. (1984). Obtaining maximum likelihood trait estimates from number-correct scores for the three-parameter logistic model. *Journal of Educational Measurement, 21*, 93–111.

Youden, W. J. (1937). Use of incomplete block replications in estimating Tobacco-Mosaic virus. *Contributions Boyce Thompson Institute, 9*, 41–48.

Zelen, M. (1954). Analysis for some partially balanced incomplete block designs having a missing block. *Biometrics, 10*(2), 273–281.

The manufacturer's authorised representative in the EU is Springer Nature Customer Service Centre GmbH, Europaplatz 3, 69115 Heidelberg, Germany. If you have any concerns regarding our products, please contact ProductSafety@springernature.com

Printed and bound by CPI Group (UK) Ltd, Croydon, CR0 4YY

23/03/2026

02076394-0015